J. MARTINS E SILVA

SOBRE A CIRCULAÇÃO DO SANGUE
E ANOTAÇÕES CARDIOVASCULARES.

COMENTÁRIOS A UM LIVRO DO SÉCULO XVIII

Livros AEΔO

2017

Autor

J. Martins e Silva

Título

Sobre a circulaçãodo sangue e anotações cardiovasculares: comentários a um livro do século XVIII

Organização
Maria do Sameiro Barroso

ISBN-13:978-1977914484

ISBN-10:1977914489

Livros AEΔO
livrosaedo@gmail.com

Copyright © 2017
J. Martins e Silva e Maria do Sameiro Barroso
Reservados todos os direitos (All rights reserved)
Produção: CreateSpace Publishing Platform
Impressão: Charleston, USA
Distribuição www.amazon.com

Para a

Sara Ivone

"Virtualmente todas as novas descobertas no campo da biologia foram desenvolvidas, passo a passo, de conhecimentos anteriores"

WW Hamburger, 1939

NOTA EDITORIAL

Cento e trinta e três anos medeiam a publicação da obra *Exercitatio Anatomica de Motu Cordis et Sanguinis in Animalibus* por William Harvey (1578-1657), em 1628, na qual a circulação do sangue foi compreendida e descrita pela primeira vez, da primeira obra sobre o tema, publicada em Portugal, *"Instrucçaõ Breve sobre a Circulaçam do Sangue"*, em 1761, pelo cirurgião, José Francisco Brandão (1738-1773).

A complexidade da matéria, difícil de apreender, dada a limitação dos conhecimentos de anatomia, fisiologia e dos meios de investigação da época, gerou polémica. A descoberta de Harvey, absolutamente fulcral na História da Medicina, não foi imediatamente aceite, nem entendida.

Esta incompreensão é expressa na obra de José Francisco Brandão, tradução de uma obra francesa de um autor identificado como DM, por ele anotada.

A propósito desta edição, que tenho a honra de dar à estampa, João Martins e Silva, Professor iluste da Faculdade de Medicina de Lisboa e um dos mais conceituados investigadores da História da Medicina Portuguesa, revisita toda a história da circulação sanguínea, apresentando, numa investigação profunda e rigorosa, os marcos históricos que precederam e envolveram a descoberta, proporcionando um testemunho vivo e detalhado do enorme esforço que foi necessário para a sua total compreensão e aceitação.

Lisboa, 14 de Dezembro de 2017
Maria do Sameiro Barroso

ÍNDICE GERAL

Prefácio e Agradecimentos 13
Capítulo 1- Introdução 15
Capítulo 2 - Licenças 21
Capítulo 3 - Advertências 25
    Comentário 1 27
    3.1-Pormenores anatómicos 28
    Comentário 2 30
    3.2-Forças cardíacas 30
    Comentário 3 36
    3.3-Circulação vascular e forças actuantes 30
    Comentário 4 32
    3.4-Polémicas sobre a circulação sanguínea 37
    Comentário 5 37
    3.5-Sangrias 38
    3.6-Utilidade fisiológica da circulação 39
    Comentário 6 40
    Comentário 7 41
    Comentário 8 50
    Comentário 9 52
    Comentário 10 57
Capítulo 4 - Texto original 59
    4.1-Funcionamento da circulação sanguínea 60
    Comentário 11 60
    4.2-Caracterização das artérias e veias 61
    Comentário 12 63

Comentário 13 72
Comentário 14 78
4.3-Forma, localização, estrutura e actividade do coração 79
Comentário 15 82
Comentário 16 95
4.4- Origem do movimento cardíaco 106
Comentário 17 108
4.5-Demonstração do modelo da circulação sanguínea 137
Comentário 19 186
4.6-Sobre a circulação fetal 189
Comentário 20 192
4.7-Origem da pulsação 194
Comentário 21 195
4.8-Duração do circuito sanguíneo 200
Comentário 22 201
4.9-Conclusão 202
Bibliografia 205
Índice remissivo 231

PREFÁCIO E AGRADECIMENTOS

A presente obra nasceu de um convite para participar como orador no Seminário de "Estudos do Espólio Médico", que o Núcleo de História da Medicina da Ordem dos Médicos, em colaboração com a Biblioteca do Palácio Nacional de Mafra, decidiu realizar em 5 de Novembro de 2016. A sessão decorreu perante interessada assistência numa das belas salas daquela histórica Instituição.

Como é habitual, foi solicitado aos prelectores que apresentassem um texto escrito para publicação em volume específico. Cedo me apercebi ser impossível cumprir o limite de palavras estabelecido para cada autor. De facto, para que a análise que me cumpria realizar fosse inteligível aos eventuais leitores, obrigava-me a incluir trechos originais da obra que me coubera apreciar e os meus próprios comentários, o que ultrapassaria, largamente, a paginação estabelecida. Desta óbvia impossibilidade resultou a opção formatada no presente volume, do qual somente um trecho condensado fará parte da prevista colectânea de autores da sessão de Mafra.

Naturalmente, nada se faz sem ajudas de variada espécie: No caso presente, desejo salientar e dar testemunho do generoso apoio que me foi concedido para o trabalho agora apresentado.

Começo por agradecer à Senhora Dra. Maria do Sameiro Barroso (organizadora da reunião de Mafra e coordenadora, de inexcedível entusiasmo e dedicação, do Núcleo de História da Medicina da Ordem dos Médicos) por me ter convidado para a citada reunião, pela sua paciência com o alongar do meu trabalho e, por fim, pela relevante e essencial assistência na respectiva publicação como livro, ao qual ainda me honrou como Editora.

O meu reconhecimento, também, para a Senhora Dra. Teresa Amaral, bibliotecária da Biblioteca do Palácio Nacional de Mafra, pela disponibilização de elementos sobre a obra analisada.

Termino agradecendo à Senhora Dra. Susana Henriques, coordenadora da Biblioteca Central da Faculdade de Medicina da Universidade de Lisboa, pela documentação enviada dos preciosos arquivos ao seu cuidado, e outras informações indispensáveis.

Lisboa, Dezembro de 2017

J. Martins e Silva

CAPÍTULO 1
INTRODUÇÃO

Até ao século XVII, o sangue era um assunto secundário nos tratados de anatomia e, por conseguinte, também para a ciência e prática médica ocidental. E, quando mencionado, surgia associado ao transporte de *espíritos* (Santing,2012,426-9). Por conseguinte, também a circulação sanguínea representava um tópico menor e com escasso interesse para uma medicina que se fundamentava nos conceitos filosóficos de Aristóteles e nos dogmas (então indiscutíveis) de Galeno. Ainda era o tempo em que contradizer os postulados de Galeno representava uma quase ofensa para os seguidores, pelo que o seu autor, olhado com desconfiança, corria o risco de marginalização pelos pares, a menos que invocasse precedentes ou apresentasse resultados plausíveis, ainda que sem alardes de excessiva originalidade (Wilson, 1962,229.233).

Da autoria de Francisco José Brandão[1], que se apresentou como cirurgião aprovado da cidade do Porto, foi publicado em 1761 um livro sobre circulação do sangue, intitulado *"Instrucçaõ Breve sobre a Circulaçam do Sangue"* (Fig. 1). Foi uma das duas obras

---

[1] Francisco Brandão nasceu em Guiães, Vila Real, em 1738; faleceu em 1773. Formou-se em Medicina e exerceu clínica na cidade do Porto (In: *"Dicionário dos mais ilustres Trasmontanos e Alto Durienses"*, volume III, coordenado por Barroso da Fonte, 656 páginas, capa dura. Editora Cidade Berço, 2013;*"Diccionario Bibliográphico Portuguez.Estudos de Innocencio Francisco da Silva aplicáveis a Portugal e ao Brasil"*, tomo segundo, Lisboa: Imprensa Nacional,1859, p.401).

de medicina [2] em destaque, entre as publicadas no País por académicos nacionais, após a reforma Pombalina de 1772 (Andrade,1966,134).

O volume, com 111 páginas, compunha-se de três secções: Licenças (7 páginas, com os pareceres das três autoridades que autorizaram a publicação), Advertências (40 páginas, com as anotações de Francisco Brandão) e Texto Original (64 páginas, que corresponde à tradução da obra de um autor desconhecido, que Francisco Brandão singelamente identificou por "DM") (Fig.2). A cada destas secções corresponde um capítulo no presente volume.

Em Advertências, Brandão esclareceu que utilizara o original como guia, onde *"fez mudanças para clarificar algumas partes, acrescentando outras, mais as notas com que a enriqueceu"* (Fig.5). Mais adiante, referiu que o pouco que fizera na obra original não merecia louvor, por não se sentir cientificamente habilitado a fazer composições originais. Brandão exemplificou erros e omissões do original que traduzira, fundamentando-se em conhecimentos e teorias em vigor na época, incluindo algumas que se opunham ao modelo que William Harvey propusera em 1628, como base da circulação sanguínea humana.

---

[2] A outra obra, intitulada " *Hipoccrates Lusitano ou Aforismos de Hippocrates*" foi também uma tradução, do Latim em Português, do médico lisboeta Francisco Daniel Nogueira.

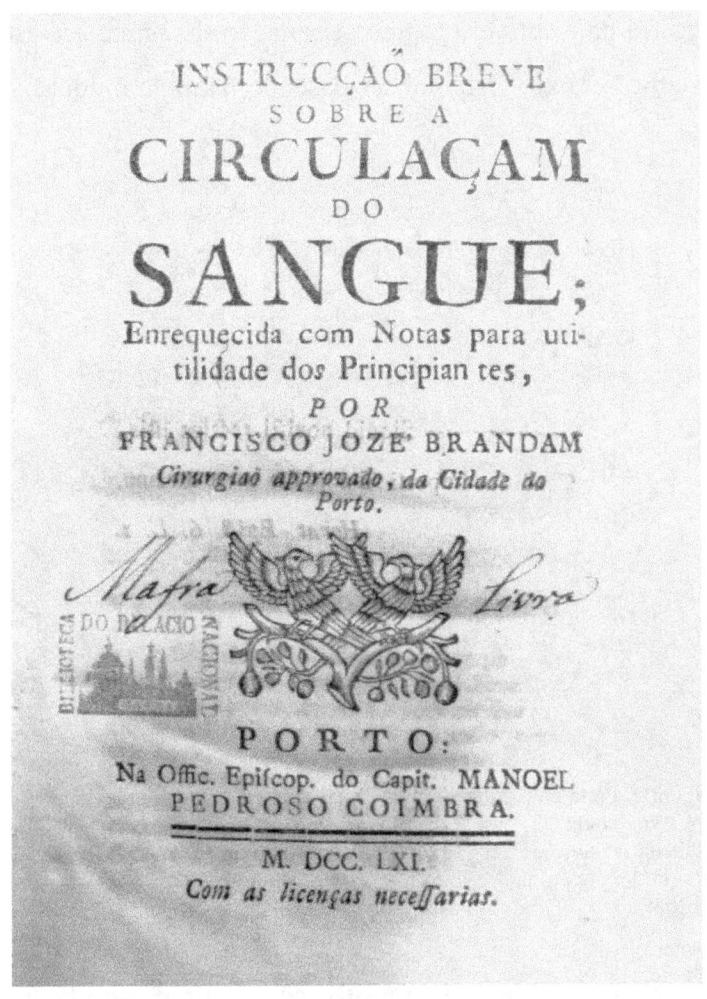

Figura 1- Capa do livro *"Instrucçaõ Breve sobre a Circulaçam do Sangue"*, de Francisco José Brandão. Cortesia: Biblioteca do Palácio Nacional de Mafra.

Entre as anotações de Brandão figuravam algumas imprecisões ou conceitos incorrectos, na maioria atribuíveis ao estado de desenvolvimento e controvérsias científicas da época. No conjunto, afigura-se que o modelo de Harvey não fora entendido por completo ou não obtivera a plena aceitação de Francisco Brandão, não obstante o Texto Original ser baseado naquele modelo.

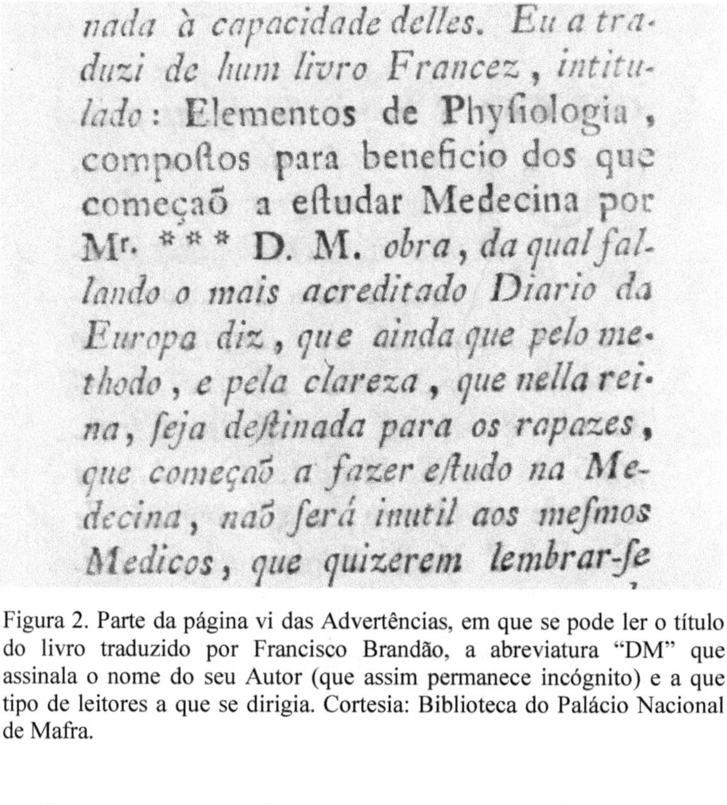

> nada à capacidade delles. Eu a traduzi de hum livro Francez, intitulado: Elementos de Phyfiologia, compoftos para beneficio dos que começaõ a eftudar Medecina por Mr. *** D. M. obra, da qual fallando o mais acreditado Diario da Europa diz, que ainda que pelo methodo, e pela clareza, que nella reina, feja deftinada para os rapazes, que começaõ a fazer eftudo na Medecina, naõ ferá inutil aos mefmos Medicos, que quizerem lembrar-fe

Figura 2. Parte da página vi das Advertências, em que se pode ler o título do livro traduzido por Francisco Brandão, a abreviatura "DM" que assinala o nome do seu Autor (que assim permanece incógnito) e a que tipo de leitores a que se dirigia. Cortesia: Biblioteca do Palácio Nacional de Mafra.

A ser assim, não se entende a motivação de Francisco Brandão em traduzir uma obra cujo conteúdo lhe teria suscitado dúvidas, além de se alongar em clarificações prévias e anotações que perfizeram cerca de um terço do livro, sob a justificação de facilitarem a aprendizagem dos alunos de cirurgia, quando, na realidade, grande parte do conteúdo de Advertência se limitou a afirmações de probidade pessoal. Subsiste a dúvida sobre a autoria da generalidade das notas de rodapé do Texto Original, mas afigura-se que fossem de Brandão.

O presente trabalho inclui comentários nossos sobre cada uma daquelas secções pela ordem em que foram apresentadas, excepto no Texto Original, em que se seguiu a sequência mais apropriada. As diversas expressões e frases utilizadas por Francisco Brandão ou reportadas ao Autor (DM) da obra original, que traduziu, são transcritas em itálico e, na generalidade, com grafia moderna e indicação da página, também em itálico.

Nos capítulos de Advertência e do Texto Original, parte do conteúdo apresenta lacunas ou alguma inconsistência, atendendo aos conhecimentos referidos na bibliografia mais antiga e ou contemporânea da obra. Deste modo, para esclarecimento ou complemento de alguns dos assuntos em discussão (definição, natureza e função da circulação sanguínea e dos principais componentes, efectores e reguladores do sistema cardiovascular), entendeu-se que seria adequado comentar a obra com o apoio de conceitos, uns conhecidos desde a Antiguidade, outros da época em que foi publicada a *"Instrucçaõ"* e, em alguns casos, cotejados com conhecimentos actuais sobre os assuntos em apreciação.

CAPÍTULO 2
LICENÇAS

Como era uso na época, as Licenças englobavam as autorizações indispensáveis para a impressão da obra, emitidas pelas três entidades a quem cabia a sua leitura prévia: Santo Ofício, Ordinário e Paço. No total, a publicação deste livro dependeu de cinco verificações, das quais duas exigiam a reverificação da obra após a sua impressão. No caso presente, a impressão da obra mereceu a aprovação unânime dos juízes indigitados por aqueles organismos, dos quais os dois primeiros membros eram eclesiásticos. Pela peculiaridade de que hoje se revestem, justifica-se uma breve anotação dos respectivos pareceres, inseridos na abertura da obra.

A primeira das aprovações coube a Frei António de Taveiro, Qualificador do Santo Ofício, a que, cabia verificar se o conteúdo afrontava os dogmas teológicos. Foi seu parecer que a obra, traduzida do idioma Francês, com novas adições e anotações do Brandão, não continha *"coisa dissonante dos bons costumes e repugnante à nossa fé"*. Seguiu-se o elogio ao Autor, *"zeloso com a Pátria e amigo do bem comum"*, por dar *"a todos os Principiantes (e pode ser que a muitos dos veteranos) na faculdade Cirúrgica, os melhores e mais percetíveis documentos para que...lhe possam assim aplicar o mais congruente remédio"*.

Terminou, dizendo que a obra *"sem receio de inconveniente algum, se possa e deva logo imprimir, para que assim chegue com mais brevidade às mãos de todos que dela necessitam"*. Este parecer recebeu o visto, com três rubricas, do organismo a quem foi enviado, o qual autorizou a impressão com a ressalva de *" e depois voltará conferido para lhe dar licença, que corra sem o qual não correrá"*. As duas outras licenças verificavam a eventual inclusão de referências contrárias às leis civis, e aos valores morais ou eclesiásticos.

Coube ao Lente da Prima de Teologia, António José, da Congregação do Oratório, emitir a licença do Ordinário local. A proposta de aprovação que dirigiu à respectiva entidade fundamentou-se no *"estilo claro e linguagem pura"* do texto, a que juntou um elogio ao seu Autor *"que zela a fé, a religião e a disciplina, discorre com fluidez e, escolhendo sempre bem, aprova com fundamento e rejeita sem despreza. Assim escrevem os que lêem os bons autores de que abundam bastante as Notas, que muito judiciosamente faz"*. Concluiu, em referência ao ensino da cirurgia no Porto, *"o bom gosto e erudição que têm os professores desta arte na nossa cidade"*. À semelhança da licença anterior, a impressão foi aprovada por uma autoridade da Congregação, com a recomendação de que a obra teria de voltar para cotejo.

A última das aprovações, a emanar pelo Paço, a cargo do Dr. João Mendes Sachetti Barboza, (Médico do Número da Casa Real e da

Câmara do Infante D. Manuel (apresentado como sócio da Sociedade Real de Londres e da Academia Médica de Madrid) foi a que se afigurou mais extensa e fundamentada sobre o assunto. No documento que apresentou ao monarca então reinante (D. José I) elogiou a boa e correcta tradução, clareza e naturalidade das expressões (que, decerto pelo seu entusiasmo pelas considerações Cartesianas), considerou próprias do *"espírito geométrico tão necessário no método de escrever, e arranjar, quando não há mais intento do que instruir"*. Ao considerar a circulação do sangue como um dos pontos fisiológicos mais digno de ser sabido, não se eximiu em criticar impiedosamente o escasso conhecimento que ainda havia em Portugal sobre o assunto: *"o seu princípio, progresso, fim e leis são coisas ainda tão ignoradas de uma grande parte dos professores, que eu creio não têm melhor ideia da circulação que a que tiveram os Gregos e os Árabes"*. Invectivou com humor verrinoso os que pretenderiam tirar a glória de Harveo[3], *"por se comportarem como meros idólatras da Antiguidade, que tudo querem achar nela... e andam à pesca de uma palavrinha equivoca escrita por acaso numa das suas obras para julgarem por expressivas das noções ou conhecimentos pretendidos, sem reflectirem que tão graves problemas não se decidem pelo tom de uma ou duas palavras mas sim pelo contexto e corpo da doutrina do autor"*. Admitiu que a descoberta da circulação era, também, causa de alguns erros práticos, ainda que estes fossem atribuíveis, essencialmente, ao falso conhecimento e

---

[3] Designação da época para William Harvey.

ao seu abuso. De todos os tratados conhecidos em várias línguas, *"na nossa, este é o primeiro que pode instruir suficientemente aos menos eruditos e aplicados, e muito principalmente aos romancistas"*. Salientou, ainda, a importância das traduções, como a da referida obra, desde que o Latim foi substituído na escrita pelas línguas pátrias. Portanto, entendia ser necessário que os que fossem *"dotados de maior amor à sua Nação, empreendam algumas traduções; e necessitamos muito do espírito tradutor dos Franceses, pela necessidade que temos de melhores instruções, porque este ser o principal caminho de nos adiantarmos"*. Comparativamente à circulação do sangue, que distribuía a todas as partes do corpo humano *"o necessário e expelia o supérfluo"*, considerou que a *"circulação dos conhecimentos era o único meio de nutrir os espíritos, das verdadeiras luzes das artes e ciências importantíssimas e indispensáveis ao corpo da sociedade humana no seu presente sistema"*. Em sua opinião, as traduções seriam o único e o mais fácil meio para a promover a circulação de conhecimentos de todo o género, ciências e artes. No parecer favorável enviado ao rei, o examinador propôs a aprovação do livro *"porque o papel de que se trata não contém coisa alguma contra as sábias leis de Vossa Majestade, o julgo digno de Licença que o seu autor pretende"*.

CAPÍTULO 3
ADVERTÊNCIAS

Este capítulo inclui as anotações de Francisco Brandão sobre o Texto Original (Capítulo 4) .Brandão começou por informar que o seu livro consistia na tradução de um tratado Francês sobre *"Elementos de Fisiologia"*, destinado a Principiantes de Medicina, que fora publicado por um Autor identificado por DM (Fig. 2).Referiu que o original (de que também omitiu a data de edição) merecera o elogio do *"Journal des Savants"*, em Julho de 1756, com a recomendação de que, pelo seu "método e clareza", fosse *"destinado aos rapazes que começam a fazer estudo na Medicina, não sendo também inútil aos médicos que quiserem lembrar-se do que já sabiam"* (pp.vi-vii).

Francisco Brandão revela que decidira traduzir a obra para corresponder aos pedidos de alguns Principiantes de cirurgia e, presume-se, por ter verificado a dificuldade que o seu mestre, Lourenço José de Melo, cirurgião do rei, tivera em explicar a temática aos condiscípulos. Adicionalmente, alegava que não havia nada, de origem nacional, publicado sobre o assunto *"para os instruir sem os fatigar"*. Por conseguinte, decidira-se *"a publicar esta Instrucção, que tendo as qualidades de ser breve e clara, era proporcional à capacidade deles"* (p.vi). Tão curiosa expressão significaria que Francisco Brandão pretendia redigir um livro que se limitasse a abordar as noções essenciais sobre a circulação do sangue a um nível adequado ao dos conhecimentos dos aprendizes de Cirurgia. Na realidade, como se confirmará adiante pelo tipo de noções complementares adiantadas no texto, a preparação académica dos alunos a que a obra era destinada afigurava-se muito elementar.

Um outro aspecto em que Brandão se esforçou (chamou-lhe "prudência") em reafirmar foi o de incluir somente os pontos mais essenciais do assunto, renegando violentamente a atitude de outros que, para " *satisfazerem a sua incurável paixão pela escrita ("cacoethes scribendi",* no texto) *e não para dar utilidade aos seus leitores, só buscam fazer volume, arrastando autoridades pilhadas de outros livros,... amontoando doutrinas que por virem fora do seu lugar, mais servem para fatigar e confundir, dando notícias que, a não serem falsas, são, ao menos, um pouco rançosas e indicantes da ridícula pedantaria de quem as produz"* (p. *vii*).

Embora insistisse em que o livro *"Instrucçaõ"* era uma tradução, Francisco Brandão não se eximiu em afirmar que *"se se atender às mudanças que fiz na tradução, aos lugares que aclarei, às coisas que lhe acrescentei e às notas com que a enriqueci, poder-se-ia dizer que o original, quando muito, só me serviu de guia para sobre ele compor a Instrucçaõ"* (p.*viii*) (Fig. 5). Exemplificou, de seguida, alguns erros ou omissões da obra de DM, além de incluir anotações complementares e esclarecimentos, pessoais e ou referentes a outros Autores.

A apreciação que Francisco Brandão faz à obra de DM, assim como a inclusão dos nossos comentários aos seus reparos e conceitos, têm o inconveniente para o leitor de se anteciparem à exposição do conteúdo do original traduzido. Por conseguinte, para uma melhor compreensão do exposto, sugere-se que o presente capítulo seja relido depois do terceiro (Texto Original).

Comentário 1

À data da publicação, de *"Instrucçaõ"*, já dois outros autores Portugueses, citados por Maximiano Lemos Júnior[4] na sua tese de fim de curso médico (Lemos Junior,1881,124-5), haviam trazido à estampa volumes sobre o mesmo assunto.

Um dos livros indicados (o de João Marques Correia) continha uma explanação clara e rigorosa sobre o modelo da circulação que William Harvey apresentara em 1628 na sua obra seminal *"Exercitatio Anatomica de Motu Cordis et Sanguinis in Animalibus"*, mais conhecida por *"De Motu Cordis"* (Fig.3). Pelo contrário, o tratado de Alexandre da

---

[4] Maximiano Lemos (1860-1923).Médico, professor de medicina legal, patologia geral e história da medicina da Faculdade de Medicina da Universidade do Porto. Notabilizou-se como investigador e autor de muitos textos sobre a História da Medicina.

Cunha[5] foi classificado como um trabalho menor, com muitos erros.

O tratado contemporâneo de João Correia Marques[6] (Fig.4) apresentava, num dos cinco capítulos, uma exposição genericamente adequada e didática sobre o modelo da circulação estabelecido por Harvey, recorrendo a alguma nomenclatura própria da época e utilizando a forma de diálogo, em que cada pergunta é seguida por uma resposta. O modelo da circulação era completado com a descrição e função dos capilares, como vasos que asseguram a continuidade entre as extremidades de artérias e veias (Correia,1761,99-101); em outros dois outros capítulos eram apresentadas a anatomia do coração, artérias, veias (Correia, 1761,1-60) e a dinâmica cardíaca (Correia, 1761,61-99).

3.1-Pormenores anatómicos

Onde no original se afirmava que do arco da aorta nascem quatro

---

[5] Alexandre da Cunha (século XVIII). Cirurgião, natural de Mondim de Basto, exerceu no Porto. O livro a que o texto se reporta designa-se *"Tratado Fisiológico Médico Físico Cirúrgico da Circulação do Sangue"* (sob a forma de diálogos).Escreveu ainda as suas reflexões sobre as características e interesse da anatomia em *"Ramalhete de Dúvidas"*, 1759.

[6] João Marques Correa (1671-1745).Médico em Beja, mestre em Artes pela Universidade de Coimbra, onde examinou bacharéis e licenciados. O livro referido, intitulado *"Tractado Physiologico-Medico-Phisico, Chirurgico, e Anathomico da Circulaçam do Sangue"*, fora publicado em Lisboa em 1735, embora estivesse pronto desde 1731. A reedição de 1761foi publicada já depois do seu falecimento, sob a forma de diálogo e com algumas adendas

artérias (duas jugulares e duas carótidas), e que a sua parte descendente distribui o sangue ao cérebro e a todas as vísceras,

Figura 3- Capa da 1ª edição do livro "*Exercitatio Anatomica de Motu Cordis et Sanguinis in Animalibus*", de William Harvey. Cortesia: "College Librarian, the Royal College of Surgeons of Edinburgh".

Brandão corrigiu, dizendo que as jugulares eram veias e não artérias, sendo o sangue transportado até ao cérebro e à "*medula oblongada*" (bolbo raquidiano) pelas artérias carótidas e vertebrais (*pp.viii-ix*). Não se adiantaria em pormenores que "*para serem bem compreendidos, são necessários avultados volumes*", pelo que que não acrescentava "*mais exactas e extensa explicações a respeito da veia porta, sobre a qual só digo que ela vai dar com a s outras veias inferiores, à cava ascendente*" (*p. ix-x*).

Comentário 2

Na verdade, da crossa da aorta saem, normalmente (embora com variantes), três ramos arteriais: tronco braquiocefálico (que se subdivide em carótida comum direita e subclávia direita),carótida comum esquerda e subclávia esquerda; cada uma das carótidas comuns subdivide-se em carótida externa e interna (Kau,2007, 141-2).Por lado, Brandão não comentou a origem nem a função das jugulares e, estranhamente, trouxe a veia porta e a cava ascendente ao assunto, embora sem deixar de referir que o laconismo das suas explicações era propositado e comparável ao de outro Autor (P. Regnault[7]), no livro que este escrevera sobre a veia porta, também para Principiantes (*p.x*).

3.3-Circulação vascular e forças actuantes

Brandão também não se alongou nesta parte nem expôs[8] no texto da "*Instrucçaõ*" as observações e ideias (a que chamou

---

[7] P. Noël Regnault (1683-1762).Jesuíta, médico Francês. Autor da obra referida, "*Origine Ancienne de la Physique Nouvelle* »*,* editada em Paris, 1734.

[8] Ao afirmar na Advertência que " *...o receio de confundir os Principiantes...me obrigou a ter cautela...*(e) *foi também a causa de eu deixar de expor na Instrucçaõ...*", Brandão suscita perplexidades, ao arrogar-se no papel de

"sentimentos") que von Haller havia publicado sobre a circulação em *"De Sanguinis Motu Experimenta Anatomica* (1754) e as que Robert Whytt[9] incluíra na obra *"Physiological Essays"* (1755), sobre os mecanismos de circulação *"dos fluidos nos vasos mínimos dos animaes"* (*p.xvi*).

Fundamentalmente, Brandão tinha *"o receio de confundir os Principiantes"* (*p.xv*) com os pormenores e controvérsias académicas subjacentes; porém, não deixou de incluir (em seis páginas) o conteúdo essencial daqueles trabalhos. Resumidamente, explicou o que von Haller defendia: as veias contraiam-se; a veia cava e os dois ventrículos contraiam-se em simultâneo e não sucessivamente, como proposto por outros; a velocidade de circulação do sangue nos vasos "mínimos"[10] igualava ou excedia a observada nos vasos maiores; em oposição à capacidade contráctil dos vasos sanguíneos, os vasos mínimos não teriam *"irritabilidade"* nem *"sensibilidade"*, e não evidenciavam, por microscopia, movimento oscilatório ou vibratório, o que excluiria a capacidade de as artérias contribuírem para o *"movimento"* do sangue; este seria determinado pela força do coração, acção de

---

interveniente directo num texto de outro autor, que deveria limitar-se a traduzir.
[9] Robert Whytt (1714-1766). Médico Escocês. Foi professor de teoria da medicina na Universidade de Edimburgo, onde também ensinou química e desenvolveu trabalhos sobre neurofisiologia. Foi médico do rei da Escócia George III, *fellow* da *Royal Society* e presidente do *Royal College of Physicians of Edinburgh*.
[10] Expressão utilizada por Francisco Brandão para explicitar, provavelmente, os vasos da microcirculação.

músculos, nervos, calor, frio e peso do sangue (*pp.xvi-xvii*). De seguida, expôs a tese de Whytt, em que o sangue e fluidos derivados estimulariam a contracção vascular, assim como a sístole no coração e nas artérias; nos vasos mínimos e linfáticos, sem aquela força, a circulação dependeria do movimento vibratório daqueles vasos, que impulsionariam os fluidos para veias maiores, enquanto a pulsação das artérias vizinhas, a acção dos músculos, e a compressão resultante dos movimentos respiratórios sobre os abdómen e tórax os dirigiria ao coração (com o sangue já vermelho) pela veia cava (xviii-xx).

Comentário 4

Na verdade, os contributos de von Haller e Whytt foram importantes na época, além de representarem os primórdios do conhecimento e das teorias fisiológicas relativas à rede vascular e ao mecanismo da circulação sanguínea humana. Todavia, à luz do que se conhece hoje, aquelas teorias eram naturalmente incipientes, e continham imprecisões e ou erros flagrantes.

Pelo que se adivinha através da prudência pedagógica que Brandão expressava repetidamente, o assunto seria compreendido com dificuldade por aqueles leitores da obra, além de ser "talvez nociva" aos progressos da sua profissão; assim, bastar-lhes-ia uma breve noção, atendendo a que não havia acordo nem certezas sobre o assunto e *"maior utilidade lhes daria a exposição das deduções patológicas e terapêuticas, que muitos autores tirarão deste descobrimento"* (o da circulação) (*p.xxi*).

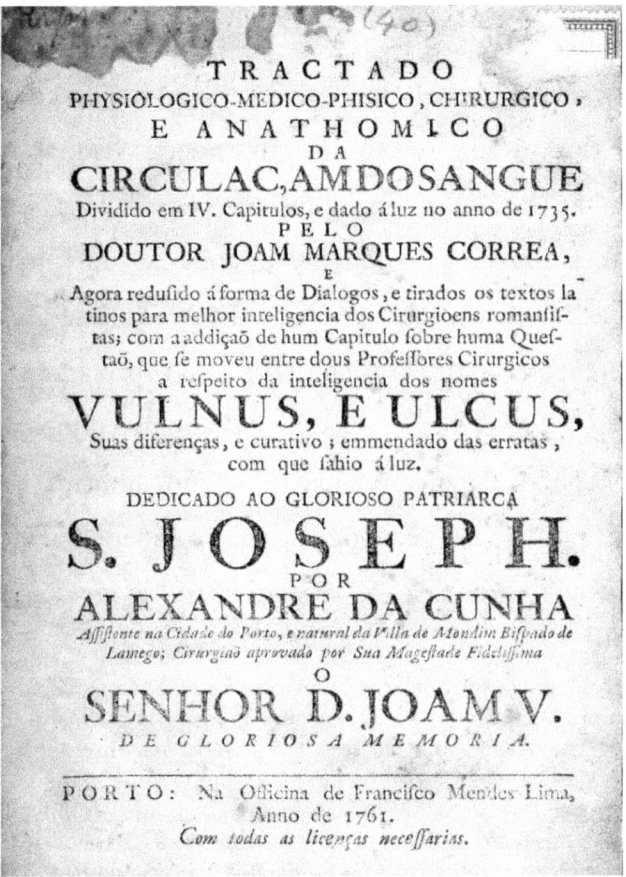

Figura 4. Capa do livro *"Tractado Physiologico-Medico-Phisico, Chirurgico, e Anathomico da Circulaçam do Sangue"*, de João Marques Correia. Cortesia:Obras Raras da biblioteca da Faculdade de Medicina da Universidade de Lisboa.

3.2-Forças cardíacas

Francisco Brandão referiu que o original citava três forças no coração: a que lhe é própria, a compressão e a impulsão, as quais decidiu corrigir para duas, ao justificar que a impulsão não é mais do que um efeito da compressão. Ainda sobre o assunto, Brandão precisou de acrescentar alguns esclarecimentos que completassem omissões do original, por serem noções supostamente já conhecidas ou abordadas em outras secções do livro. Entre outras lacunas que entendeu preencher incluía-se, em particular, a estrutura das artérias e veias e a disputa sobre o sangue que circula nas artérias coronárias, a qual teria sido protagonizada entre Boerhaave[11] e von Haller[12] (dois dos principais vultos da medicina Europeia na época). A propósito (e como amostra do extremo cuidado e prudência pedagógica de Brandão quanto aqueles esclarecimentos) reiterou o seguinte: *"algum termo cuja*

---

[11] Herman Boerhaave, (1668-1738). Médico Holandês, além de distinto botânico, iatroquímico, iatrofísico e humanista Cristão. Considerado o fundador do ensino clínico e do conceito de hospital escolar; também foi o primeiro a isolar a ureia na urina, a introduzir o termómetro na observação clínica e a relacionar as lesões com a sintomatologia. Pelos seus trabalhos e notável reputação, exerceu grande influência sobre a prática clínica na Europa Renascentista e do início da Idade Moderna. Um dos seus tratados (*Institutiones rei Medicae in Usus Annuae Exercitationis Domestica*), publicado em 1708, foi sucessivamente revisto, alargado e reeditado em vários idiomas, pelo qual se tornou o livro de texto mais comum nas escolas médicas Europeias da época.

[12] Albrecht von Haller (1708-1777).Anatomista, iatrofísico e fisiologista Suíço, também botânico e poeta. Discípulo de Boerhaave, distinguiu-se como o primeiro professor de anatomia, fisiologia e botânica da Universidade de Göttingen, elevando-a a uma posição cimeira entre as instituições Europeias congéneres. Entre os principais contributos pessoais, destacam-se os trabalhos sobre estruturas anatómicas, em particular as relacionadas com o automatismo funcional do miocárdio, nervos e músculos em geral. Atribui-se-lhe também o título de "pai" da fisiologia moderna. Presidiu à Sociedade Real de Ciências de Göttingen.

significação desconfio pode ser incógnita aos Principiantes, o explico no mesmo texto da Instrucçaõ havendo ocasião, senão recorro a Notas" (*p.xi*). Reafirmando a intenção de permanecer lacónico para não os confundir com desenvolvimentos, acrescentou: *...e se pareço miúdo, deve-se atender para que qualidade de leitores escrevi. Às vezes um termo parece aos Principiantes uma notícia recôndita, que encerra um mistério incompreensível e, desta sorte, deixam de perceber uma matéria que, aliás é cristalina, ou formam uma ideia mui diversa daquela, que este termo lhes devia excitar... Se não houvesse este perigo, a maior parte das Notas seriam desnecessárias ou, ao menos, algumas seriam explicadas com termos menos familiares. Não obstante o meu nímio*[13] *cuidado em ser claro, não duvido que eu, sem o perceber, seja às vezes escuro*" (*p.xii*).

Brandão aconselhou a leitura de tratados adequados sobre circulação fetal, bem referenciados, atendendo a que, sendo um assunto indirectamente relacionado com a obra, o citara somente no essencial, baseando-se no que estava publicado no Dicionário de Medicina (de que não indicou mais referências) ou em texto do tomo de Cirurgia de Col de Villars[14].

---

[13] Termo inexistente na língua Portuguesa actual. Aparentemente derivado da palavra Latina *nimius*, que significa "muito grande".
[14] Élie Col de Villars (1673 00 1675-1747). Professor de cirurgia e farmácia na Faculdade de Medicina de Paris (e seu director no período de 1740-44). Médico ordinário do rei. Também fazia parte das suas funções coparticipar nos cuidados de saúde aos presos da principal prisão de Paris e a doentes do foro psiquiátrico. Entre outras obras, foi autor do tratado *"Cours de Chirurgie, Dictée aux Écoles ce Médicine de Paris"*, editado em 1749.

Comentário 3

À luz dos conhecimentos actuais, é admissível que a *"força própria"* indicada no original tivesse a ver com o controlo intrínseco do ciclo cardíaco e auto-ritmicidade, associado ao mecanismo electroquímico das fibras cardíacas e respectivos potenciais de acção (Klabunde,2012,157-60).

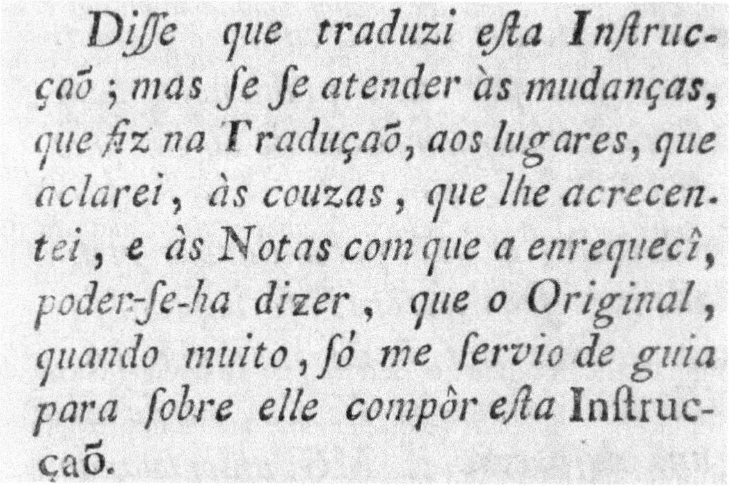

> Diſſe que traduzi eſta Inſtrucçaõ; mas ſe ſe atender às mudanças, que fiz na Traduçaõ, aos lugares, que aclarei, às couzas, que lhe acrecentei, e às Notas com que a enrequecî, poder-ſe-ha dizer, que o Original, quando muito, ſó me ſervio de guia para ſobre elle compôr eſta Inſtrucçaõ.

Figura 5-.Parte da página VIII de Advertências, em que Francisco Brandão afirmou que, mais do que uma tradução, o original, corrigido e acrescentado, lhe serviu de guia para *"compor esta Instrucçaõ"*. Cortesia: Biblioteca do Palácio Nacional de Mafra.

Quanto à (s) outra (s) forças indicadas, não seriam mais do que consequências funcionais da contracção cardíaca, embora se saiba hoje que esta actividade também depende de um controlo extrínseco do sistema nervoso autónomo e do endócrino (Klabunde,2012,61-2,124-41).

3.4-Polémicas sobre a circulação sanguínea

Brandão referiu que a teoria da circulação fazia parte de diversas obras médicas (citando, a propósito da nutrição, o tratado de Barry[15]), enquanto outros Autores *"ainda que concedam que o descobrimento da circulação deu grandes luzes à Física da economia animal, afirmam que ele causou grande desordem na prática da medicina...que se fez a mais vacilante e perigosa"* (*p.xxii-xxiii*).Um destes opositores foi Quesnay[16], para quem a nova teoria (a do modelo de Harvey) assemelhava o corpo humano a uma máquina hidráulica, em que a cura das doenças se baseava no movimento dos humores intravasculares, para concluir que *"os numerosos livros dos grandes mestres que desprezaram a experiência dos antigos e que se entregaram a esta perniciosa prática, são monumentos para a posteridade que conservarão por dilatado tempo a memória dos erros funestos que o descobrimento da circulação introduziu na Medicina"* (*p.xxiv*).

Comentário 5

É de notar que, até esta fase do livro, não houve qualquer referência explícita ao trabalho de William Harvey, o qual,

---

[15] Talvez se refira Edward Barry (1696-1776), médico, professor da Universidade de Dublin, autor do tratado *"A Treatise on a Consumption of the Lungs with a Previous Account of Nutrition, and of the Sructure* [sic] *and Use of the Lungs"*(Dublin, 1726)

[16] François Quesnay (1694-1774). Cirurgião, membro da Academia Real de Cirurgia de Paris e autor de alguns tratados médicos.

por fundamentar a obra original e a sua tradução, deveria ter sido já mencionado. De outro modo, mais parece que os factos enunciados desse teoria teriam surgido do nada. É admissível que tal omissão, aliado ao comentário (*p.xxi*): "... *a sinceridade me obriga a dizer que os autores ainda não se ajustaram sobre a utilidade do dito descobrimento*"., reflectisse algum cepticismo de Brandão quanto ao mecanismo proposto por Harvey.

3.5-Sangrias

Antes da descoberta da circulação, era habitual escolher com "*demasiado escrúpulo*" (*p.xxv*) a veia para a sangria, ao supor-se que existiam veias próprias para cada parte do corpo. Depois do "*descobrimento*", a cirurgia aprendeu que todas as veias comunicam, mediata ou imediatamente, com o coração, sendo este o "*depósito geral de sangue*" (*p.xxv*) e, daí, com todas as partes do corpo, pelo que todas as veias serviriam para sangria. Desde então desprezaram-se como inúteis, as sangrias das veias temporal, angular do olho, língua ou outras, a favor de vasos mais grossos, como as jugulares externas, do braço, safenas e pés.

No entanto, Brandão não deixou de advertir que a prática antiga voltara a ser aconselhada novamente, em Itália, no tratado "*Dissertatio de Vena, quae in Morbis Particularium Partium*

Corporis sit Salutarius Incidenda", atribuído a Diogo Placentini[17]. Atendendo às contradições sobre o assunto, aconselhou os Principiantes *"em estas e em outras semelhantes disputas, fujam de todos os extremos: não desprezem os importantes corolários que se seguem do -descobrimentos modernos mostrando para com os antigos uma veneração que degenere em ridícula idolatria, nem alucinem tanto com os descobrimentos modernos que, levados de um entusiasmo pueril, venham a desprezar aqueles antigos e venerandos fundadores da Medicina, sobre cujas experiências estão cimentadas a mais sólida teoria e a mais segura prática da grande arte de curar"* (*pp.xxvii-xxviii*). Optando pelos Antigos Mestres, aconselhava a reverenciar Hipócrates [18], patriarca da medicina racional.

3.6-Utilidade fisiológica da circulação

Segundo Brandão, havia concordância geral e poucas dúvidas de que a circulação sanguínea servia para *"distribuir a todas as partes*

---

[17] Correctamente, o autor da obra, (publicada em 1756) chamava-se Jacobi Placentini (1672 ou 1673) 1762). Médico Italiano, natural de Pádua, em cujo Ateneu ensinava medicina prática e teórica.

[18] Hipócrates (c.470-c.460 aC).Médico Grego, considerado universalmente o "pai da Medicina", como ciência independente da religião e da filosofia, e como profissão. Fundador da Escola Hipocrática de Medicina (ou Escola de Cós) e inspirador do "juramento de Hipócrates", que continua a ser celebrado por todos os médicos como o código da ética médica. Os seus ensinamentos clínicos foram reunidos e acrescentados por escrito pelos seus discípulos e continuadores, no *"Corpus Hippocraticum"*. Os princípios éticos e o método clínico Hipocrático difundiram-se desde a Antiguidade pelo mundo. O código ético a relação médico-doente em que se baseava a sua prática clínica, continuam a ser princípios inspiradores com aplicação na medicina contemporânea.

do corpo os sucos de que elas necessitam; de conduzir os sucos recrementícios (digestivos) e excrementícios aos filtros que os devem separar; espalhar em toda a massa de fluidos os sucos novos que vêm reparar as perdas de que essa massa padece; de fazer passar os humores por todos os elaboratórios[19] em que devem ser formados e aperfeiçoados; de conservar em todas as fibras musculares um líquido sempre em movimento para que todas as partes orgânicas estejam sempre em estado de satisfazer de imediato as acções a que estão destinadas" (p.xxix). Referiu, ainda, que entre as maiores utilidades consideradas por alguns fisiologistas, o sangue em movimento contínuo *"não só não se corrompe como se faz mais subtil e mais puro para nutrir as partes do corpo; se não circulasse deixaria o sangue de ser fluído, convertendo-se em soro e grumos"* (p.xxix).

Comentário 6

Brandão como que antecipou as reconhecidas vantagens hemorreológicas de uma circulação sanguínea normal, bem como os riscos de coagulação exagerada ou de trombose, subsequentes a anomalias hemodinâmicas e ou dos componentes celulares do sangue (Lowe,1987,194-219;Baskurt,2003,447).

---

[19] Glândulas e dispositivos intracelulares que intervêm na formação e excreção das secreções.

Logo, afirmando não se deter no processo que forma as secreções, Brandão anotou que *"depois de girar com vários sucos heterogéneos"* (*p.xxx*), o sangue vai distribui-los a diversas partes do corpo p.ex., *"a urina em os rins donde para a fazer passar para a bexiga, o suco pancreático em o pâncreas, a bílis em o fígado, a linfa em os vasos linfáticos, o leite em as mamas, os ácidos nas glândulas do estômago e do esófago, a saliva em as glândulas parótidas, os espíritos animais no cérebro"* (*p.xxx*). Quanto à nutrição, acrescentou: *"e como a parte mais grosseira do sustento sendo expelida do corpo pelos movimentos peristálticos, ou vermicular dos intestinos, a outra parte mais subtil se converte em quilo que, depois de ser introduzido nos vasos lácteos do mesentério, e daí na cisterna lombar de Pecquet, no ducto torácico, na veia subclávia esquerda, por fim, pela cava descendente (superior) é lançado no ventrículo esquerdo, onde começa a tomar a forma de sangue para reparar a porção deste fluido que tem passado para a nutrição"* (*pp.xxx-xxxi*).

Comentário 7

(a) Note-se que, na data da publicação do livro, a função do sistema linfático fora dada a conhecer, em pormenor, por Olof Rudbeck[20], Thomas Bartholin[21] e Alexander Monro[22], o

---

[20] Olaus Rudbeck, também conhecido como Olof Rudbeck the Elder (1630-1702).Professor de medicina na Universidade de Uppsala (Suécia), onde também foi reitor e anatomista. Legou contribuições de destaque em outras áreas do conhecimento e das artes. Nomeadamente, foi um dos pioneiros do sistema linfático, ainda que os seus resultados tenham sido publicados depois (1653) dos

que decerto contribuiu para a descrição, na generalidade correcta, do aproveitamento dos alimentos e respectivos produtos pelo tubo digestivo, com posterior encaminhamento na linfa até ao sangue venoso. Todavia, as Notas de Brandão sugerem a sua (aparente) aderência às teorias dos Antigos Gregos, sobretudo de Galeno[23], talvez devida a um menor conhecimento ou, mesmo, dúvidas sobre o modelo expresso em *De Motu Cordis* (Harvey,2016,81-2).

---

de Thomas Bartholin, haviam sido apresentado quase sete meses antes, na corte da rainha Cristina da Suécia.

[21] Thomas Bartholin (1616-1680). Médico Dinamarquês, professor de anatomia na Universidade de Copenhaga, onde introduziu o sistema anatómico que aprendera em Pádua; também matemático e teólogo. Mais conhecido pela descoberta e publicação completa do sistema linfático nos humanos,em 1652. Foi médico do rei Cristiano V, da Dinamarca.

[22] Alexander Monro, secundus (1733 - 1817).Cirurgião anatomista e cientista Escocês, foi o segundo de três gerações com o mesmo nome a ocupar, durante 128 anos consecutivos, a cadeira de anatomia na Escola Médica da Universidade de Edimburgo. Em 1755 publicou um tratado sobre o sistema linfático (*De Venis Lymphaticis Valvulosis*). Distinguiu-se ainda pela descrição mais pormenorizada, até então, do sistema esqueleto-músculo, e introduziu a medicina clínica no currículo médico.

[23] Cláudio Galeno (129 – c.200/c. 216). Notável médico, cirurgião e filósofo do Império Romano, de origem Grega, natural de Pérgamo (Ásia Menor). Médico de vários imperadores Romanos e um dos principais investigadores da Antiguidade. As suas teorias dominaram o ensino e a ciência médica durante mais de 1300 anos. Os conceitos anatómicos, que obtivera através de dissecções em primatas e porcos, permaneceram incontestadas até serem refutados, em parte, pelo médico e anatomista Belga André Vesálio, no tratado "*De Humani Corporis Fabrica*", publicado em 1543. A engenhosa teoria sobre a circulação do sangue elaborada por Galeno viria a ser, também suplantada, em 1628, no tratado "*Exercitatio Anatomica de Motu Cordis et Sanguinis in Animalibus*", em que William Harvey divulgou o resultado das suas experiência e conclusões sobre o novo modelo da circulação sanguínea. Apesar desses e outros dos erros que contêm, os trabalhos de Galeno continuaram a ser estudados e aplicados até ao século XVIII. A teoria do controlo muscular pelos nervos cranianos e periféricos, assim como termos médicos e alguns processos terapêuticos do Galenismo ainda continuam a ser usados actualmente. Publicou mais tratados (c. quinhentos) do qualquer outro autor da Antiguidade

O quilo drenado na subclávia esquerda chega à aurícula direita pela veia cava descendente, e não ao ventrículo esquerdo, a menos que Brandão estivesse a aceitar o modelo errado de Galeno, em que parte do sangue venoso passava do ventrículo direito para o esquerdo através de poros do septo interventricular (Galen, 1916,321,323;Harris,1973,333-6);

(b) O sangue não começa a tomar a "forma de sangue" no ventrículo esquerdo. Esta ideia terá sido inspirada, inicialmente, em Erasístrato[24], que localizava a formação do *pneuma* (ou *espírito*) *vital* no ventrículo esquerdo, donde, através das artérias (na sua opinião e na de Praxágoras[25], em vez de sangue transportariam ar) chegaria a todas as partes

---

[24] Erasístrato (c.304-c.250 aC). Anatomista e médico Grego. Foi clínico do Imperador Seleuco Nicator, da Pérsia. Co-fundador (com Herófilo) da célebre escola de anatomia em Alexandria e seguidor da doutrina Pneumatista, segundo a qual a natureza da vida e as doenças estavam intimamente associadas a um vapor subtil designado por *pneuma*. Entre os seus trabalhos, através de autópsias em corpos humanos, destacam-se os que desenvolveu sobre o sistema cardiovascular. Foi dos primeiros a descrever o cérebro e o cerebelo, e a diferenciar, funcionalmente, os nervos sensitivos dos motores.

[25] Praxágoras (nasceu em Cós, c. 340 aC). Médico a anatomista Grego. Escreveu diversos tratados sobre ciências naturais, anatomia, patologia e terapêutica médica. Dos seus escritos salienta-se uma teoria para circulação cuja influência na fisiologia e medicina perdurou durante séculos, embora com erros posteriormente reconhecidos (p.ex, as artérias seriam tubos ocos que atraiam o *pneuma* do coração (entendido como a sede da inteligência e do pensamento) ou de qualquer outra parte do corpo onde existisse. Várias das suas ideias sobre assunto foram corrigidos por um discípulo, Herófilo, sendo outras aceites e integradas nas teorias de Galeno. Tal não obstou a que, cerca de meio século depois, ainda se acreditasse que as artérias transportavam *pneuma* em vez de sangue.

do corpo (Galen,1968,I:46-8; Furley1984,31; Harris, 1973, 180,200,225) (Fig. 6).

Galeno desenvolveu aquela teoria, admitindo que a "preparação final" do sangue ocorria no ventrículo esquerdo, com origem num derivado hipotético do ar atmosférico, refinado e transformado em *espírito* (o *pneuma*). O sangue seria formado no fígado a partir do quilo e, daí, transportado pela veia cava inferior até ao ventrículo direito (Galen,1968,I:53-4,205-7), donde atravessaria o septo interventricular para o ventrículo esquerdo (Galen,1968,I:47, 321) (Fig. 7). Nesta câmara, o *pneuma* vindo dos pulmões reacenderia o *calor inato*[26] (força vital) aí existente, originando o *espírito vital* (que não era mais do que ar, vapor, ou, mais propriamente, uma super-essência) (Galen, 1968,I:46,49,50-1,58). Ao incorporar-se no sangue (contrariando o que Erasístrato afirmara), o *espírito vital* purificá-lo-ia e transformá-lo-ia em fluido espirituoso, seco e com coloração vermelha mais clara, transportado a todo o corpo pelo sistema arterial (Galen,1968,I:47;Harris, 1973, 03,336,363,366-7).

---

[26] O conceito de *calor inato*, tido como sinal interior de vida, remonta aos escritos de Hipócrates, foi aceite por Platão e Aristóteles, divulgado por Galeno, retomado por Descartes e Harvey e permaneceu no vocabulário científico até ao século XIX.

A existência de "poros invisíveis" no septo interventricular (Galen,1916,321,323;) foi negada por Vesálio[27] em 1555, na 2ª edição de "*De Humanis Corporis Fabrica*" (Vesalius, 2009,VI:78;Lambert,1936a,391),embora, na edição de 1543 daquele tratado fosse dúbio quanto à "exsudação" interventricular (Ball,1910, 109; Lambert,1936a,391 Harris, 1973,333-6).

c) Segundo o postulado de Erasístrato, aceite por Galeno, o sangue seria consumido pelo corpo na nutrição e na restauração dos tecidos corporais que se haviam desgastado (Galen, 1910,327;Galen, 1968,I:299,233-4,325); a porção de sangue consumido era reposta por igual quantidade formada no fígado a partir do quilo (Galen,1968,I:53-4,221-7; Harris, 1973,197-8,325-30,333), Estas ideias foram liminarmente rejeitadas por Harvey, cerca de quinze séculos depois, em "Exercitatio Anatomica de Motu Cordis et Sanguinis in Animalibus" (Harvey, 2016,51-2,57) (Vide pormenores em Comentário 18c).

---

[27] André Vesálio (do nome em Latim, Andreas Vesalius) (1514-1564).Anatomista e médico natural de Bruxelas, na época sob domínio Holandês. Aos 23 anos foi nomeado professor de anatomia cirúrgica da Universidade de Pádua. Autor do tratado "*De Humani Corpori Fabrica*", ilustrado por elucidativos desenhos das observações colhidas nas dissecções de corpos humanos, que fundamentaram a anatomia moderna. Recorrendo à vivissecção de animais, foi precursor da anatomia comparada, através da qual obteve conclusões fisiológicas aplicadas ao homem. Adicionalmente, demonstrou que diversos dos resultados publicados por Galeno eram incorrectos por não se basearem na anatomia humana mas em animais de experiência. Após a publicação da obra foi convidado para médico da corte do imperador Carlos V.

(d) Sobretudo nas primeiras duas décadas depois da publicação de *De Motu Cordis*, a par dos que aderiram ao modelo de Harvey, houve os que se lhe opuseram por variadas razões (p.ex., argumentos teológicos, territorialismo profissional, anti- experimentação, ressentimentos pessoais, ou por preferirem doutrinas antigas) e os que reservavam a sua opinião até saberem para que lado pendia a controvérsia sobre a circulação (Whitteridge,1971,149-74; Mowry,1985, 58-61). Este tipo de reacções explica bem a lentidão e cepticismo com que o novo modelo de Harvey foi recebido pela comunidade médica da época (Osler,1908,319-27).A controvérsia atenuou-se um pouco quando Malpighi[28], em 1661, demonstrou (por microscopia óptica) a existência de capilares que, em termos práticos, completavam o modelo da circulação criado por Harvey (Young,1929,7-9).

---

[28] Marcello Malpighi (1628-1694).Biólogo e médico Italiano. Foi professor e investigador nas Universidades de Pisa, Bolonha e Messina, e um dos pioneiros da microscopia. No fim da sua vida, foi médico do Papa Inocêncio XII e ensinou medicina na escola médica Papal, em Roma. O seu nome ficou associado a diversas estruturas e funções do organismo humano, além de outras descobertas de natureza biológica e zoológica. Foi o primeiro a observar (por microscopia óptica, em pulmões de rãs), os capilares que definiam a existência de ligação entre as artérias e as veias mais pequenas, bem como a diferenciar os coágulos formados nas cavidades direitas e esquerdas do coração.

Figura 6. Modelo da circulação de sangue de Erasístrato. Somente as veias transportavam sangue, enquanto as artérias continham ar. O sangue seria formado continuamente pelo fígado a partir do quilo proveniente dos intestinos; as veias também eram formadas no fígado, donde veiculavam o sangue a ser consumido na nutrição de todo o corpo; a veia cava transportaria parte do sangue para o ventrículo direito, que o enviaria pela artéria pulmonar para nutrir os pulmões. As veias pulmonares transportariam o ar inspirado dos pulmões para o ventrículo esquerdo, donde seria enviado, pela aorta e sucessivas ramificações, a todo o organismo.

(e) Reportando-se à circulação do sangue, Maximiano Lemos lembrou que, em Portugal, *"... o estudo prático d'esta ciência havia penetrado já nas nossas aulas, e que as vivissecções já então eram praticadas entre nós. N'um livro de Monravá e Roca*[29] *descreve-se uma experiência tendo por fim demonstrar os movimentos do coração, ao mesmo tempo que se verificava não haver comunicações entre os pulmões e os ventrículos, como a medicina galénica defendia"* (Lemos Júnior,1881,24-5).

Figura 7. Modelo da circulação de sangue de Galeno. As ideias de Erasístrato foram adoptadas quanto à separação da circulação venosa da arterial e à origem, formação e distribuição do sangue pelas veias, depois consumido na

---

[29] António de Moravá Y Roca (1668?-1753).Anatomista e médico Espanhol, da Catalunha, licenciado e doutorado pela Universidade de Mérida. Convidado por D. João V, foi professor de Anatomia no Hospital de Todos-os-Santos, em Lisboa, entre 1721 e 1732. Autor de numerosos trabalhos, em particular o tratado em 4 volumes, *"Novíssima Medicina"*, tiveram pouca receptividade científica. Polémico e narcisista, o seu ensino suscitou desagrado entre grande parte de alunos e médicos (nacionais e estrangeiros),o que contribuiu para a sua aposentação. Foi substituído nas funções por Bernardo Santucci.

> nutrição do organismo; porém, postulou a passagem directa de algum sangue venoso do ventrículo direito para o esquerdo, através do septo interventricular, pelo que as artérias também continham sangue, ainda que misturado com ar proveniente dos pulmões; tal como Erasístrato, Galeno acreditava na existência de "vapores fuliginosos" que seguiam em sentido inverso, pela veia pulmonar, do ventrículo esquerdo para os pulmões. (Outros pormenores são explicitados no texto).

Brandão mencionou, sem explicitar, as experiências realizadas numa máquina pneumática conhecida por "*Antlia Boyleana*" (por ter sido utilizada por Robert Boyle[30]) para demonstrar a influência da respiração nos movimentos do coração. Aproveitou para informar que este assunto, e as considerações então apresentadas, já faziam parte do "*Tratado Fisiológico Médico-Prático e Anatómico da Circulação do Sangue*", de João Marques Correia, classificando-a como uma obra Portuguesa então muito vulgarizada. A esta apreciação, Brandão entendeu apropriado sublinhar a sua recusa em "*compendiar as notícias expendidas nesse tratado pelo receio de cair no grosseiro plagiarismo... de alguns chamados escritores que nem ainda tendo a habilidade e a cautela de mutilar, ou de revestir de novas frases, para maior disfarce, alguns lugares das obras alheias conhecidas e impressas no seu mesmo idioma.... Não sendo eles mais do que uns meros*

---

[30] Robert Boyle (1627-1691). Médico, iatroquímico e filósofo Irlandês. Cultor do Cristianismo e da ciência experimental. Membro da "Sociedade Invisível", instituição precursora da *Royal Society*. Para as suas pesquisas desenvolveu uma bomba pneumática que lhe permitiu o estudo do ar e dos gases, e a elaboração da famosa lei de Boyle-Mariote. Entre outros desenvolvimentos, estabeleceu a teoria que antecedeu à atomística, pela qual a matéria seria constituída por partículas primárias,. Foi autor de obras religiosas, filosóficas e científicas, com destaque para "*The Works of the Honourable Robert Boyle*".

copiadores sem talvez entenderem (pp. xxii-xxxiii). A sublinhar o exposto, terminou com uma citação do seguinte verso de Virgílio[31] (em Eneida,3.84-5) "*...Quid non mortalia pectora cogis / Auri sacra fames*"(*p.xxxiv*) que, relacionando a fragilidade da vida com a avareza, em tradução livre significa: "*O que não obriga os corações mortais, a fome maldita para o ouro*". Na realidade, aquele arrazoado de maldizer mais parecia motivado por rivalidades profissionais na época. Assim, não deixou de criticar o tratado de Correia, alegadamente por não ter tido grande aceitação entre os Principiantes, devido ao estilo um pouco confuso e afectado, argumentos muito escolásticos, erudição escusada, matéria desnecessária e omissões de outras necessárias, resultados que vieram a verificar-se errados, entre outras depreciações.

Comentário 8

> O tratado de 1671 de João Marques Correia revela que o modelo da circulação de Harvey (de 1628) não era desconhecido no País, (Correia,1761,2). Harvey, assim como outros destacados cientistas e pensadores do século XVII eram, então, referidos pela congregação jesuíta em Portugal atenta às inovações científicas que aproximassem a teoria da prática (Monteiro,2002,204-25). Entre aquela comunidade sobressaiu o padre Francisco Soares Lusitano[32] (Melro,2015,

---

[31] Publius Vergilius Maro (70-19 aC).Um dos mais consagrados poetas do Império Romano e da literatura Latina. A citação apresentada faz parte de *Eneida* (3:84-85).

[32] Francisco Soares Lusitano (1605-1659; apelidado de "Lusitano", para o distinguir do seu homónimo Espanhol, também padre jesuíta, Francisco Suarez.

58) que, no seu tratado *"Cursus Philosophicus"*(em 4 tomos cada um com cerca de 400 páginas), publicado pela primeira vez em Coimbra, em 1651, divulgou o modelo da circulação de Harvey que o médico Francisco Rodrigues Cassão[33] lhe havia dado a conhecer (Dias,1925,119; Abreu;2011,21-3).

Brandão abordou o *"descobrimento"* da circulação para referir que dois Autores médicos, Van der Linden[34] e Almeloveen[35], haviam afirmado que a circulação já seria conhecida desde Hipócrates e Galeno, ainda que pelos trabalhos que legaram mais parecesse que a ignoravam (*pp.xxxv-xxxvi*). Hipócrates referira-se ao movimento do sangue como uma "hipótese", como se ocorresse nos mesmos vasos em sentidos opostos, por fluxo e refluxo entre o centro e periferia. A observação mais importante de Galeno sobre a circulação ter-se-ia limitado à existência de válvulas *"na entrada*

Natural de Torres Vedras, ingressou na Companhia de Jesus. Formado em filosofia e teologia, ensinou no Colégio das Artes de Coimbra em finais de 1630 e, no ano seguinte, na Universidade de Évora. A obra referida, publicada em 1651 exerceu grande influência em Portugal e Brasil até ao início do século XVIII.

[33] Francisco Rodrigues Cassão (1614-1666).Médico de Coimbra. Não há certezas se foi lente da respectiva Universidade, não obstante ter sido indagado o seu interesse para o lugar, por carta régia de 23 de Abril de 1654.

[34] Joannes Antonides van der Linden (1609-1664). Médico e botânico Holandês, foi professor de anatomia na Universidade de Franeke e de medicina prática na Universidade de Leiden. Autor de vários trabalhos e também bibliotecário.

[35] Theodorus Janssonius van Almeloveen (1657-1712).Médico Holandês. Professor de história, grego e medicina na Universidade de Harderwijk. Grande conhecedor dos clássicos, em particular de natureza médica, e autor de vários tratados, nomeadamente *"Inventa nov-antiqua"* (abordava as descobertas da medicina contemporânea que teriam sido antecipadas pelos médicos da Antiguidade) e *"Plagiariorum Syllabus"*, no qual listou um largo número de autores que haviam plagiado expressões de antecessores.

dos ventrículos do coração", entre outros pormenores. Numa análise redutora e de surpreendente acrimónia, tomando com exemplo parte das observações sobre o "bofe" (pulmão) publicadas no livro *"De Uso Partium"*, Brandão sugeriu que o seu Autor, Galeno, *"não discorre como quem tem notícia da circulação e, além disso, se convencera que Hipócrates também não a conheceu"*) (*p. xxxvii*).

Comentário 9

(a)Para Hipócrates, o sangue não era mais do que um dos humores cardinais (junto com o muco[36], bílis amarela e bílis negra) produzidos pelo corpo, a partir dos vegetais ingeridos na dieta diária; o sangue seria o produto da acção do calor nos humores antes que estes apodrecessem no corpo, durante os três dias atribuídos ao processo digestivo (Lonie 1981,124;Steuer,1959,23,77-8). Num outro trabalho que lhe é atribuído, Hipócrates teria negado, a propósito da angiologia da cabeça, que as artérias temporais contivessem sangue para, de seguida, admitir que davam passagem ao sangue em direcção oposta (Coxe,1846,170).

Quanto a Galeno, embora endeusasse a sabedoria e clarividência de Hipócrates (Galen,1916,9) não hesitou em apresentar uma teoria engenhosa, obtida com incansável observação, inteligência acutilante e profunda e minuciosa

---
[36] Pituita, fleuma ou flegma.

experiência pessoal. Para Galeno, o corpo humano seria constituído por três sistemas interconectados, com responsabilidades fisiológicas diferentes: (i) cérebro e nervos (sensações e pensamento), (ii) coração e artérias (fornecimento de energia, ou *espírito vital*) e (iii) fígado e veias (nutrição e crescimento) (Harris,1973,326).

(b) Tal como a dos seus antecessores Gregos, a fisiologia de Galeno não só desconhecia o sistema cardiovascular como se baseava nas consequências da ingestão e digestão dos alimentos pelo corpo, e na coexistência dos humores cardinais. Todavia, a par de uma cuidada descrição das válvulas cardíacas referidas (Harris,1973,275-7) e com base nas observações de Erasístrato (Harris,1973,195-8), Galeno teve o mérito de ser o primeiro a estabelecer, definitivamente, que o sangue podia ser de dois tipos, o venoso (mais espesso e vermelho escuro), que circulava nas veias, e o arterial (mais fino, mais quente e vermelho mais claro), transportado pelas artérias (Daremberg,1854,411).

Curiosamente, Galeno admitia excepções, em que o sangue arterial seria, por vezes, mais espesso que o venoso, apesar de ser sempre mais quente e fluir mais rapidamente (Harris,1973,335). Galeno foi também o primeiro a confirmar, que as artérias dos animais vivos não continham somente *pneuma* mas, também, algum sangue (Galien,

1994,I:143;Furley,1984,145,147;Harris,1973, 275,294, 336-9,378). Porém, errou ao admitir que o sangue arterial, além de misturado com *pneuma* (Harris,1973, 275, 336-8,363,378), fluía do coração para a periferia do corpo; este direcionamento dever-se-ia não à contracção do ventrículo esquerdo mas à contracção e expansão das artérias, com subsequente perpetuação do fluxo e refluxo do sangue se não houvesse válvulas aórtica e pulmonar (Harris,1973,369).

Na continuação das suas Notas, Brandão aproveitou para citar diversos Autores que, desde a Antiguidade, se haviam referido ao coração e vasos sanguíneos.

Começando pelos trabalhos de Aristóteles[37], incluídos em *"De Partinus Animalem"*, Brandão destacou-lhe a observação em que o cérebro, comparado a uma massa fria de terra e água, estaria privado de sentimento e relação com as outras partes do corpo; por seu lado, o sangue passaria do coração para as veias mas sem regressar ao coração. Apesar de erradas, aquelas observações tiveram apoiantes, como o padre Rapin[38] que, segundo Brandão, se

---

[37] Aristóteles (384-322 aC). Filósofo e polímato Grego. Foi aluno de Platão e tutor de Alexandre Grande. Autor de numerosos livros sobre diversos dos assuntos que cultivava. Foi o principal biólogo da Antiguidade, o primeiro embriologista, taxonomista, evolucionista, biogeógrafo, estudioso do comportamento animal e fundador da anatomia comparada. A profunda influência que exerceu em metafísica, física e ciências naturais, incluindo medicina, prolongou-se pelos dois milénios seguintes.

[38] René Rapin (1621-1687). Padre jesuíta Francês, com obras em verso e prosa sobre diversos autores da Antiguidade e tratados de natureza teológica.

fundamentara numa referência de Harvey ao hipotético conhecimento da circulação por Aristóteles (*p.xxxviii*). A propósito, Brandão comentou: *"É para admirar que haja quem queira achar, nas obras daquele ilustre Grego, indícios da circulação, cujo descobrimento devendo dar-lhe tanta honra não lembrou ser mencionado por alguns dos muitos que o comentaram antes de Harvey"* (*p.xxxix*). No seguimento, Platão[39], mestre de Aristóteles na Academia de Atenas, desconhecia a circulação, apesar de afirmar que o coração, além de governar o corpo, *"é a origem das veias e do sangue que gira rapidamente por todas as partes "* (*p.xxxix*). Acrescentou que Plínio[40], quatro séculos depois, ainda acreditava que as artérias não tinham sentimento devido a não terem sangue. Dos Antigos, em sua opinião, o mais esclarecido teria sido o bispo Ambrósio[41], que se referira ao coração com dois ventrículos, circulação contínua do sangue e distribuição pelas artérias, embora afirmasse que um dos ventrículos lançava o sangue para as veias. Perante tal afirmação, Brandão concluiu que *"nos dias daquele esclarecidíssimo padre da Igreja não se tinha*

---

[39] Platão (c.428/427 ou 424/423-c.348/347 aC). Filósofo da Antiga Grécia, discípulo de Sócrates e fundador da Academia de Atenas. Influenciou profundamente, até ao presente, a fundação, desenvolvimento e consolidação da filosofia e da ciência, em particular no mundo ocidental.

[40] Caio Plínio Segundo, também conhecido por Plínio, o Velho (29-73). Naturalista, filósofo, advogado, comandante naval e de legiões do Império Romano. Colaborou como procurador na governação do imperador Vespasiano. Entre outra documentação histórica escreveu os 37 volumes da enciclopédia *"Historia Naturalis"*, a sua última obra e única a sobreviver-lhe, onde coligiu o conhecimento antigo mais representativo em botânica, zoologia, astronomia, geologia e mineralogia, que serviu de modelo a futuras enciclopédias.

[41] Aurélio Ambrósio (c. 340-397), bispo de Milão e um dos quatro doutores originais da Igreja Católica, depois santificado e patrono de Milão. Autor de numerosas obras sobre temas religiosos.

mais certeza da circulação (do) *que nos tempos de Platão e Aristóteles"* (*p. xl-xli*).

Continuando, Brandão referiu ainda que o Marquês Le Gendre[42] defendia a tese de Ambrósio *"com mais subtileza do que razão"* (*p.xli*). Por seu lado, Miguel de Borbon [43], no tratado *"Flumen Vitale"* não hesitara em defender os Antigos como conhecedores da circulação; citando os argumentos de Francisco Suarez de Ribera[44], que sugerira ser a circulação já conhecida de Salomão, *"quisera de certo modo fazer aquela função parte do dogma católico"*(*pp.xli-xlii*). Para confirmar tão surpreendente afirmação, acrescentara uma transcrição atribuída a John Smith[45], a qual, além de Hipócrates, Aristóteles e Galeno, também inferira do *"Eclesiastes"* que Salomão teria conhecimento da circulação. Salafranca [46], no *"Diario de los Literatos de España"* teria classificado estas afirmações como *"texto viciado"* (*p.xlii*).

---

[42] Gilbert Charles Le Gendre (1688 - 1746). Marquês Francês, autor de diversas obras, entre as quais *"Traité Historique et Critique de l'Opinion"*, no qual consta a sua opinião sobre a circulação do sangue.

[43] Miguel de Borbón y Berné (1691-1763). Médico Espanhol. Professor de anatomia, cirurgia, medicina e aforismos na Universidade de Saragoça. Entre as suas obras escritas, destaca-se *"Flumen Vitale"*.

[44] Francisco Suarez de Rivera (1686?-1738). Médico e cirurgião Espanhol, de Salamanca. Autor de meia centena de livros, grande parte dos quais incluíram o testemunho da sua experiência e polémicas profissionais que manteve. Entre as questões anatómicas e fisiológicas abordadas incluía-se a circulação do sangue.

[45] John Smith (1630-1679).Médico Inglês. Autor do texto "'Γηροκομία ασιλική: *King Solomon's Portraiture of Old Age"*, em que o verso 12. 1– 6 de *Eclesiastes,* é interpretado como sinal de que o rei Salomão já seria conhecedor da circulação sanguínea.

[46] Juan Martinez Salafranca (1697 - 1772). Sacerdote, escritor, pedagogo e filólogo Espanhol.

Comentário 10

(a) A análise de Brandão não está inteiramente correcta quanto ao trabalho de Borbon. Este começara por se referir às opiniões dos Antigos sobre a circulação sanguínea e ao apoio que lhes era dado por vários dos seus apoiantes contemporâneos para, de seguida, abordar as causas, utilidades e seguidores do modelo da circulação circular criado por Harvey (a quem apelidou de "restaurador") (Veintemilla, 1737,53-9).

(b) Relativamente a Plínio, o Velho, fica por confirmar de onde retirou as suas conclusões sobre os vasos sanguíneos e o sangue, extensivas a vários animais. Eventualmente, ter-se-ia inspirado em Aristóteles e em outros trabalhos da Antiguidade Grega, a rever adiante. Além de aderir ao conceito que excluía o sangue das artérias e de lhe associar a curiosa ausência de sentimento, Plínio acrescentou que nem todas as artérias teriam *espírito vital* e, quando seccionadas, induziriam a perda de forças somente na região irrigada (Pliny the Elder,1855,11:89).

As discrepâncias citadas serviram para Francisco Brandão, embora reconhecendo explicitamente o defeito de repetição, explicasse que não as incluíra na obra pelo risco de confundirem os leitores Principiantes e de os desconcentrar do essencial, pois que *"a extensão ilimitada é tão prejudicial como o laconismo demasiado"* (*p.xliii*). Acrescentou ainda que o seu trabalho com a "*Instrucçaõ*", por ser pequeno, não merecia louvor, além de que tinha feito maior serviço ao público ao transcrever uma obra já aprovada do que em publicar uma original, ou alguma cópia,..."*que faça rir os doutos*" (*p.xliv*). Por não se julgar preparado cientificamente para escrever originais, pretendia resistir à "*vaidosa tentação de os publicar*"(*p.xliv*).

CAPÍTULO 4
TEXTO ORIGINAL

Denominada *"Da circulaçam do sangue"*, a terceira e última parte deste volume baseia-se, genericamente, no modelo da circulação do sangue definido por Harvey. O conteúdo inclui as interpretações do Autor original (DM), fundamentadas nas teorias então vigentes, ou, eventualmente, nas do próprio tradutor, a crer nas intenções que manifestara no início da Advertência.

O facto de a obra em apreciação ter sido gerada em pleno Iluminismo, poderá explicar que, na generalidade, se afigure imbuída pela corrente renovadora do pensamento crítico que alastrou pela Europa desde finais do século XVI e ao longo do século XVIII (Zafirovski,2011,150-68). Pressionados pelas interrogações sobre a natureza da ciência e pelos novos conhecimentos que então brotavam, os antigos conceitos que ainda formatavam a medicina, como a teoria dos quatro elementos e dos quatro humores, assim como as ideias Aristotélicas dos fenómenos biológicos e físicos, cederam a primazia às grandes correntes filosóficas com expressão nas ciências da época, em especial o Racionalismo e o Empirismo. Nessa perspectiva, as explicações de Harvey para a circulação do sangue (Mowry,1985,53-7; Aird,2011,124-9) sobressaem como um dos mais representativos exemplos do progresso da medicina.

4.1-Funcionamento da circulação sanguínea

O Texto Original começou por sintetizar, correctamente, a função e os principais constituintes do novo modelo da circulação, definido como "*...movimento perpétuo pelo qual (o sangue) é levado do coração às extremidades do corpo mediante artérias e destas é tornado a levar ao coração pelas veias... (em que) o coração...é a causa do (seu) movimento contínuo e alternativo, e das artérias*" (pp.1-2). DM comentou o modelo designando-o por "*mecanismo*", definindo-o como um "*artifício com que se joga qualquer máquina ou engenho*" (p.2).

Comentário 11

O termo "mecanismo" utilizado por DM corresponde em ciência e, também, em filosofia, a um processo resultante de determinada causa, de que resultam um ou mais efeitos. Neste caso, a causa será o ciclo cardíaco que impulsiona regularmente a circulação do sangue através do sistema circulatório. Portanto, a designação de "mecanismo" atribuída ao "*movimento perpétuo*" do sangue naquele sistema está correcta. A sua utilização é uma marca dos séculos XVII e XVIII, quando o termo começou a ter uso destacado em trabalhos fundadores da Filosofia Mecânica, sobretudo sob a influência da teoria do "Mecanicismo Cartesiano", que celebrizou o seu criador, René

Descartes[47]. O "mecanismo" da circulação do sangue, assim como o funcionamento do corpo, seriam comparáveis à actividade de uma máquina, cujas operações se explicavam pelos mesmos princípios e leis físicas aplicáveis ao mundo inanimado (Descartes,2003,2,4). É admissível que a utilização do termo "mecanismo" na obra em apreciação fosse inspirada naquela teoria.

4.2-Caracterização das artérias e veias

Segue-se a descrição da morfologia, estrutura e função das artérias e veias. As artérias foram caracterizadas como vasos compridos e membranosos que transportavam o sangue do coração até *"às extremidades do corpo"* (*p.2*). Quanto à estrutura, DM começou por afirmar a inexistência de acordo quando ao número de membranas, pelo que, no seu entender, seriam quatro e serviriam para resistir à impulsão sanguínea (*pp.3-4*): (i) externa (celulosa ou esponjosa, por vezes um pouco adiposa); (ii) tendinosa (tem fibras semelhantes às dos tendões, ossifica em alguns velhos); na sua composição entrariam artérias, veias e nervos; (iii) musculosa,

---

[47] René Descartes (1596-1650).Filósofo, iatrofísico e matemático Francês, creditado como fundador da geometria analítica e do racionalismo Cartesiano, foi um destacado interveniente na revolução científica no período do Iluminismo. Entre os diversos tratados que redigiu sobressai o *"Discurso do Método"*, em que, através do cepticismo metodológico, demonstrou quais eram os princípios fundamentais e indubitavelmente verdadeiros., p.ex., "eu penso, logo existo". Em outra obra marcante, *"De Homini"*, a fisiologia (humana e dos restantes animais) era apresentada numa perspectiva mecanicista.

formada por fibras carnosas dispostas em anéis; (iv) lisa, com fibras longitudinais.

Sobre a função, DM propôs que as artérias se dilatavam (o que designou por "diástole") quando recebiam o sangue do coração, contraindo-se ("sístole") quando este órgão se distendia (*p.4*).

Quanto às veias, teriam igual número de membranas (membranosa, vasculosa, glandulosa e musculosa), compostas por fibras "carnosas" ainda que menos robustas, o que o DM atribuiu ao facto de receberem sangue de modo sempre uniforme, sem pulsação aparente. As veias teriam maior capacidade do que as artérias para *"facilitar a volta do sangue, feito mais grosso por causa dos diferentes humores"* (*p.5*). As veias serviriam para *"levar o sangue das extremidades ao coração"*, com a ajuda de válvulas semicirculares, *"assim chamadas por causa da sua figura semelhante a meio círculo"* (*p.5*). Seguidamente, descreveu a estrutura e função das válvulas que, comparadas a pequenos açudes ou alçapões, existiam nas veias, enquanto nas artérias só estavam presentes na base do coração (*p.6*).

A ramificação das artérias decorria quase sempre em ângulo agudo e em crescendo, à medida que se afastavam do coração; a soma total do diâmetro de todas as divisões arteriais seria muito superior à capacidade inicial. Estranhamente, porém, DM afirmou: *"donde se deve concluir que o sangue corre sempre em artérias de um espaço mais estreito para outro mais largo*" (p.7).

Comentário 12

(a) A definição utilizada por DM para a circulação sanguínea, comparando-a a um movimento perpétuo em que intervêm artérias, veias e o coração, é interessante e compatível com o modelo definido por Harvey. No entanto, os capilares estão omissos e não é adiantado o significado relativo da perpetuidade circulatória em organismos com vida transitória ou, pelo menos, uma menção ao mecanismo que dinamiza o movimento do sangue no circuito cardiovascular. Estes dois aspectos serão comentados mais adiante.

(b) A função dos vasos sanguíneos descrita por DM está, genericamente, de acordo com o modelo da circulação de Harvey; a par de uma menção breve sobre a importância das válvulas venosas, quase omitiu a participação das válvulas cardíacas e arteriais. A relevância das válvulas cardiovasculares no modelo de Harvey será melhor abordada em diversas observações seguintes. Entretanto, justifica-se uma menção sobre as teorias que, desde a Antiguidade, procuram definir a função e conteúdo dos vasos sanguíneos.

Praxágoras parece ter sido o primeiro a distinguir o aspecto e a função das artérias e das veias (von Staden,1989,173; Harris,1973,84,24,109,111-3), enquanto o seu discípulo Herófilo descreveu as diferenças anatómicas entre artérias, veias e nervos (von Staden,1989,256; Harris,1973,178-9).

Seguindo a ideia do seu antecessor, Alcméon[48], Praxágoras e, também, Erasístrato, entendiam que o sangue era transportado pelas veias, enquanto as artérias continham somente o *pneuma*, ou "fluido animal", proveniente do coração (Steckerl,1958,18-19,23,25,65;Harris,1973,8;von Staden,1989,264,270). Este conceito, teorizado por Erasístrato, contrariava a crença da época nos humores corporais de Hipócrates. Porém, tornou-se dominante durante mais de quatro séculos e esteve na origem do reconhecimento de dois sistemas vasculares: o *venoso-hemático* (pelo qual o sangue seria somente transportado pelas veias a todo o corpo) e o *arterial-pneumático* (em que as artérias se limitariam a veicular para todas as partes do organismo o *pneuma* derivado do ar pulmonar) (von Staden,1989,174).Contudo, para Erasístrato, as veias pulmonares, ao pertencerem ao sistema pneumático, eram

---

[48] Alcméon de Crotona (século V aC). Filósofo da ciência e (talvez, também) médico Grego, e uma das figuras mais eminentes da Antiguidade. Terá sido pioneiro em estudos anatómicos, por dissecção de animais e humanos. Teorizou sobre a relação entre o equilíbrio de humores opostos e a saúde, a possível intervenção mórbida do estilo de vida, ambiente e nutrição no organismo, e as causas das doenças internas.

consideradas artérias, enquanto a artéria pulmonar, por servir, supostamente, para transportar nutrientes (o sangue formado dos alimentos digeridos) para os pulmões, era associada ao sistema venoso (Furley,1984,41-2).

Anteriormente, no século IV aC, já Diocles[49], através do estudo da respiração, havia concluído que as artérias e as veias continham sangue e *pneuma*, ainda que as primeiras transportassem, comparativamente, menos sangue e as veias menos *pneuma* (Harris,1973,105). Herófilo advogou que o sangue fluía nas artérias junto com *pneuma* e nutrientes, enquanto as artérias, ao pulsarem (por via de *dynamis* do coração) para a parede arterial, revelariam maior capacidade do que as veias para absorver e distribuir os nutrientes (von Staden, 1989,264-267,270; Harris,1973, 180-1).

Apesar de não existirem testemunhos concretos ou escritos que os suportem, é plausível que Herófilo, talvez influenciado por Praxágoras, tenha designado por artérias todos os vasos sanguíneos associados à metade esquerda do coração, enquanto as veias estavam conectavam à metade direita (Dobson,1925,21;von Staden,1989,240). A manter-se, esta indicação conduziria ao paradoxo de haver uma "veia"

---

[49] Diocles de Caristo (c. 375 aC – c. 295 aC).Médico Grego. Escreveu os seus textos em Ático, quando era costume serem redigidos em idioma Jónico. Terá sido o primeiro a usar o termo "anatomia", e a escrever um tratado sobre o tema, utilizando as observações que terá obtido por dissecção animal e, eventualmente, humana.

(a artéria pulmonar) com características de artéria no coração direito e, do lado esquerdo, uma "artéria" semelhante às veias (as veias pulmonares) (von Staden,1989,221,240). Ainda que Galeno caracterizasse as artérias por terem pulsação, ao invés das veias, entendeu preferível seguir a nomenclatura de Herófilo, por não conseguir detectá-la nas ramificações intrapulmonares da artéria pulmonar (Galen,1956,175,178,179; Harris,1973, 281). Esta teoria ainda prevalecia durante o Renascimento, substanciada pelo uso dos termos latinos de *vena arterialis* ou *vena arteriosa*, e *arteria venalis* ou *arteriae venosae* (von Staden,1989,240; Lambert,1936a,400).

Erasístrato defendeu, insistentemente, a ideia de que as artérias, em condições normais, continham somente ar, mas sabia que, ao cortar uma artéria, saía sangue. Como explicação deste paradoxo, Erasístrato concebera que o sangue provinha das veias e fora "atraído" para a artéria cortada através de passagens invisíveis entre as terminações mais pequenas das artérias e as veias, espalhadas por todo o corpo, como que em antecipação conceptual de rede capilar (Harris,1973,196). Erasístrato recorria ao seu princípio fisiológico favorito, em que a Natureza teria "horror ao vazio", de modo que, para o preencher, o sangue seria atraído das veias pela expulsão súbita do *pneuma* da artéria seccionada (Dobson 1927,825,830; Furley,1984,32-7).

Ao admitir que as artérias transportavam algum sangue e, também, o *espírito vital*, Galeno levantou uma dúvida: de que modo coexistiria o sangue arterial com o *pneuma* no coração esquerdo e nas artérias (ficariam separados, misturados, ou haveria outro tipo de associação?) (Harris,1973,18-336-8). Tais conjecturas revelavam uma inteligência arguta, ainda que desprovida de meios para identificar a natureza e o modo de combinação do *pneuma* com o sangue. Por isso, Galeno discordava da explicação anterior de Erasístrato, pois que o *pneuma* não poderia escapar-se (pressupondo que o fizesse isoladamente) da artéria cortada (Harris,1973,106,204,320,339; Furley,1984, 138-42).

Em comparação ao que hoje se sabe sobre a arterialização do sangue nos pulmões, o oxigénio transportado no sangue arterial para todo o corpo equivaleria ao *espírito vital* de Galeno. Mas, por muito aliciante que pareça esta eventual similitude, é especulativo adivinhar os pensamentos de Galeno sobre a natureza e transporte do *pneuma* associado ao sangue. A incerteza quanto a este ponto acentuou-se quando Galeno, para compatibilizar as suas observações com uma explicação lógica, teve de aceitar a existência de dois outros tipos de *pneuma*, o *natural* e o *psíquico*. O *pneuma natural* seria incorporado na formação do sangue pelo fígado e, depois, distribuído pelas veias daí nascentes a todo o corpo (Daremberg,1854,142,282,304-6), enquanto o *pneuma psíquico* seria uma espécie de vaporização intracerebral do "bom" sangue, presumivelmente arterial (Furley,1984, 199, 201;Harris,1973,349-54).

Note-se que, no século XVI, Vesálio ainda admitia que as veias eram os verdadeiros vasos sanguíneos, enquanto as artérias transportariam o *espírito vital* (Ball,1910,111). Um século depois, vigorava a opinião de que as artérias conduziam o sangue e o *espirito vital* para a nutrição de todas as partes corporais e para conservação do *calor inato* (Gibson,1697,280).

(c) A estrutura que DM indicou para as artérias e veias está incorrecta pelos padrões actuais, embora tivesse o cuidado de alertar para a incerteza então vigente sobre o assunto. A indicação do predomínio de fibras na estrutura das artérias e veias foi, decerto, influenciada pela teoria da "medicina fibrosa", elaborada pelos iatromecanicistas da primeira metade do século XVIII. Esta teoria, que se repercutiu em diversos aspectos da anatomia, fisiologia, patologia, biologia e terapêutica, baseara-se nas observações microscópicas pioneiras do músculo realizadas por Leeuwenhoek [50] no

---

[50] Antonie Philips van Leeuwenhoek (1632-1723).Comerciante de tecidos e cientista Holandês. Considerado o primeiro microscopista da História,

século anterior. Nesses trabalhos, a substância muscular afigurava-se constituída por pequenas fibras que, por sua vez, se decompunham em filamentos ainda menores (Leeuwenhoek,1720-11,129-34).Nas duas décadas seguintes, aquele padrão estrutural passou a ser a unidade comum observada nas imagens microscópicas de praticamente todas as partes de plantas e animais. Daqui nasceu a ideia de que todo o corpo seria composto por fibras que contribuiriam para a constituição dos vasos sanguíneos, nervos, membranas, músculos, ossos e outras estruturas sólidas. Em consequência, o antigo conceito Grego do "humoralismo" foi gradualmente abandonado durante a primeira metade do século XVIII para dar lugar à doutrina do "solidismo", em que o equilíbrio continuaria a ser fundamental para a saúde e doença, não pelos quatro humores mas pelo tónus ou pela tensão das partes corporais sólidas (Ishizuka,2012,564-5,571-2).

A teoria das fibras continuou a ser utilizada em anatomia até à ao estabelecimento da teoria celular, na primeira metade do século XIX, em que as fibras passaram a ser interpretadas

---

contribuiu para o desenvolvimento das lentes e respectivo suporte, por si construídos. Com este material obteve as primeiras imagens microscópicas de matéria inanimada e viva, nomeadamente, microrganismos, fibras musculares, espermatozoides, bactérias e glóbulos vermelhos (intracapilares e isolados). Os resultados das suas observações foram enviados na sua língua original em cartas endossadas à *Royal Society* de Londres, que, depois de traduzidas em Inglês ou Latim, foram publicadas em *Philosophical Transactions of the Royal Society*.

como células modificadas ou partes celulares (Schwann, 1847, 4, 65,110).

Sabe-se hoje que a maioria dos vasos contém três camadas ou túnicas (íntima, média e adventícia). Embora as artérias e veias possuam, em geral, as mesmas túnicas, diferem entre si na quantidade relativa de fibras elásticas e de colagénio, e de células de músculo liso (Borysenko,1984,195-208; Pugsley, 2000,334-6).

Surpreendentemente, a identificação de camadas estruturais nas paredes vasculares assemelha-se a uma proposta de Galeno, para quem as artérias teriam duas ou três camadas (ou túnicas), cada qual com características distintas, enquanto as veias só possuíam uma; a espessura da camada externa das artérias igualava a das veias, enquanto a interna, mais dura e cinco vezes mais espessa, estaria revestida na superfície interior das grandes artérias por uma espécie de pele, considerada como a terceira camada (Galen,1956,178).

Antes, Herófilo postulara que as camadas das artérias eram quase seis vezes mais espessas do que nas veias, no que tivera a concordância de Galeno (Galen, 1956,178; Harris, 1973,179,281-2;vonStaden,1989,178,222).

(d) Ainda que restringindo-a a uma das camadas, é de realçar a menção de DM à "ossificação" das artérias "em alguns velhos", decerto referindo-se aos processos ateroscleróticos que terá observado. Este fenómeno já havia sido reportado por Leonardo da Vinci[51], nomeadamente na autópsia de um ancião centenário (Kemp,2007,53; Boon, 2009,496).

(e) Uma ideia paradoxal de DM foi considerar que a bifurcação arterial sucessiva induziria o fluxo do sangue das artérias mais estreitas para as mais largas quando, na realidade, sucede o inverso, associado à redução progressiva da respectiva velocidade, do centro para a periferia corporal (Pugsley,2000,336).

(f) Etimologicamente, está correcta a aplicação que DM deu aos termos sístole e diástole, os quais, desde a Antiga Grécia, eram utilizados para indicar as fases de constrição e relaxamento da pulsação arterial ($διαστολη$, dilatação, e $συστολή$, contracção) (Harris,1973,282,364). Posteriormente, era usual aplicar as mesmas designações para a expansão e retracção pulmonar (Correia,1761,47). No presente, as designações de sístole e diástole são reservadas para as duas

---

[51] Leonardo da Vinci (1452-1519).Nascido em Itália, é uma das grandes figuras Renascença e da Humanidade, como polímato, artista, inventor genial e percursor de vários ramos da ciência. Desde cedo começou aprender pintura; a partir de 1506, quando obteve autorização para dissecar cerca de 30 cadáveres humanos, Leonardo ilustrou magníficas perspectivas anatómicas, a que juntou comentários e interpretações funcionais inovadoras. Os seus trabalhos sobre anatomia e fisiologia foram incluídas em 1543 por Vesálio no tratado *"De Humani Corporis Fabrica"*.

fases do ciclo cardíaco ou em função da pressão arterial, neste caso, para indicar as pressões de pulsação, sistólica ou diastólica (Guyton,2006,173).

Para DM, o diâmetro das artérias seria cilíndrico (tal como o das veias), por *"serem ocas por dentro"*. O diâmetro de todas as ramificações juntas também excederia a capacidade do tronco; por cada artéria existiria mais do que uma veia (2/1 ou 3/1) *(pp.7-9)*. Além de *"diferenças de força"* entre artérias e veias e da pulsação (presente nas artérias mas inexistente nas veias), nestas existiam válvulas (*"túnicas membranosas"*), principalmente nos locais de ramificação (*pp. 5-6*). Em notas de rodapé, DM (ou o seu tradutor, Brandão), teve o cuidado de indicar aos Principiantes o significado de diversos termos geométricos elementares (p.ex., ângulo, figura cónica, diâmetro, cilindro, perpendicular, horizontal, etc.) *(pp.7-9)*.

Comentário 13

(a) Subsistem algumas dúvidas quanto à identidade de quem teve a primazia na descoberta das válvulas venosas. Admite-se que terá sido Charles Estienne[52] quem (em 1545) primeiro as revelou nas veias do fígado, designando-as por *"apophyses membranarum"* no seu tratado "*De Dissectione Partium Corporis Humani Libri Tres*" (Ball,1910,51; Scultetus, 2001,436-7).

---

[52] Charles Estienne (1504?-1564). Médico, anatomista e escritor Francês.

Dois anos depois, Amato Lusitano[53], através da dissecção (pública) de cadáveres humanos e animais, comprovou a presença de válvulas (na abertura da veia ázigo na cava); denominando-as por *ostíolos* (com o significado de "portas pequenas"). A descoberta foi descrita em 1551, no tratado *"Curationum Medicinalium Centuriæ"* (*Centuria I, Curatio 513*), onde Amato afirmou que as válvulas da ázigos se opunham ao fluxo do sangue para a veia cava, ou seja, exactamente ao contrário do estabelecido e também contestado por Vesálio (Lemos,1907,91,182; Franklin, 1927,23; Lebowitz,1957, 193-4;McMullen,1995,491-2).

A autoria da descoberta de Amato gerou outra polémica, devido a Giambattista Canano[54], o habitual executante das suas dissecções anatómicas, enquanto as acompanhava com textos apropriados de Galeno, também a reivindicar . Perante tal situação sobreveio a dúvida sobre a quem se deveria atribuir a precedência. Um outro acontecimento que adensou as dúvidas sobre foi o de saber-se que Canano, que nada publicara sobre o assunto, ter informado Vesálio (em 1546)

---

[53] João Rodrigues de Castelo Branco, mais conhecido pelo pseudónimo de Amatus Lusitanus/Amato Lusitano (1511-1568).Médico e anatomista Português. Por ser de família Judia, sujeita perseguições da Inquisição, foi obrigado a emigrar, viajando pela Europa, fixandor-se em Ferrara (Itália), em cuja Universidade ensinou anatomia (1540-1547), ate ser forçado a nova emigração quando aquelas perseguições se estenderam à Itália. Autor de vários tratados, em que se destacaram os sete volumes das Centúrias (*"Curationum Medicinalium Centuriæ"*).

[54] Giambattista Canano (1515-1579). Anatomista e médico Italiano. Professor de anatomia na Universidade de Ferrara (1541-1545) e médico do Papa Júlio III.

que, ainda antes da participação de Amato naqueles estudos, encontrara válvulas nas veias ázigos e renais (Franklin, 1927,4; Leibowitz, 1957, 190).

O trabalho de Amato antecedeu em mais de cinquenta anos a descrição minuciosa daquelas válvulas por Fabrício Acquapendente [55], divulgada em *"De Venarum Ostiolis"*, 1603 (Franklin1927,5; Scultetus,2001,438), o que talvez justifique que muitos, Autores, entre os quais se incluía João Marques Correia lhe tivessem atribuído, indevidamente, a primazia daquele descobrimento (Correia, 1761,33). Para Fabrício, as válvulas venosas, comparadas a " pequenas e delicadas membranas no lúmen das veias", designadas por *ostiola*, teriam por função reduzir o fluxo sanguíneo, impedir que estagnasse nas extremidades e, ainda, evitar a saída do sangue para o exterior da rede vascular (McMullen,1995, 492).Por outras palavras, Fabrício, assim como os seus antecessores, não entendeu, por inteiro, a real função das válvulas venosas (Scultetus, 2001, 438).

---

[55] Hieronymus Fabricius ou, entre outros nomes, Girolamo Fabrizi d'Acquapendente (1537-1619). Anatomista, cirurgião e precursor da embriologia, Italiano. Professor de anatomia e cirurgia da universidade de Pádua, onde sucedeu a Gabriele Falópio. William Harvey foi um dos seus alunos. Na cirurgia concebeu a técnica da traqueotomia com a utilização de uma cânula. O seu nome ficou associado à pormenorizada descrição e função das válvulas venosas.

Ainda antes de Fabrício, Vesálio, que não havia conseguido visualizar válvulas em veias e se negava a admitir a sua existência - embora tivesse encontrado protuberâncias no interior de veias a que atribuíra diversas designações (*"protuberans, extuberatio, substancia eminens"*) - acabou por a admitir, aparentemente após reexaminar os seus trabalhos (O'Malley,1964,214,278; Lebowitz,1957,192).

Em 1585, Salomon Alberti [56] apresentou os primeiros esquemas de válvulas venosas (*"valvulis"*) dos membros inferiores, conferindo-lhes a função de barreiras unidirecionais ao trajecto do sangue; esta observação foi incluída no mesmo texto em que descreveu a válvula ileocecal, que, de modo semelhante, impediria o refluxo do conteúdo cecal para o intestino delgado (McMullen,1995, 492,494; Scultetus,2001,438).

Outros trabalhos realizados durante o século XVI, nomeadamente por Jacob Sílvio [57] e Realdo Colombo [58],

---

[56] Salomon Alberti (1540-1600). Anatomista e médico Alemão. Foi aluno e, depois, professor da Universidade de Wittberg, e médico do Duque Frederico Guilherme da Saxónia. Além das válvulas venosas, contribuiu para o estudo e divulgação escrita de diversos assuntos médicos (aparelho lacrimal, asma, válvula ileocecal, cóclea, papilas renais, escorbuto, surdez e mudez).

[57] Jacobus Sylvius, também conhecido por Jacques Dubois (1478-1555). Médico, anatomista, literário e humanista Francês. Professor de literatura e autor da primeira gramática de Francês. Licenciado em medicina aos 51 anos de idade, viria ser professor de cirurgia da Universidade de Paris e responsável pelo *Royale Collège de France*. Foi o primeiro docente a ensinar, em França, a anatomia pelo corpo humano.Seguidor incondicional dos ensinamentos

confirmaram a presença de válvulas em diversos segmentos venosos (Franklin,1927,4-5).

Quanto à existência de válvulas nas artérias da "base do coração", justifica-se algum reparo sobre o seu significado, a incluir mais adiante;

(b) A inclusão do significado de alguns termos de geometria elementar (pág.67) veio confirmar a limitada preparação académica dos Principiantes ao exercício da cirurgia a quem a livro era dirigido.

DM salientou a grande controvérsia então verificada entre diversos Autores quanto à continuidade entre as artérias e as veias. Uns,

---

anatómicos de Galeno, o seu ensino recebeu críticas contundentes de Vesálio. Atribuiu nomes aos músculos do corpo humano, em substituição dos números com que eram designados.

[58] Matteo Realdo Colombo (c.1515-1559) Cirurgião e professor de anatomia da Universidade de Pádua, Pisa e Roma. Obteve conclusões anatómicas e funcionais através da dissecção de cadáveres humanos e vivissecção de animais. Defensor revivalista dos estudos anatómicos de Alexandria. Colaborador de Vesálio, viria a suceder-lhe (somente durante 1 ano) como professor de anatomia em Pádua, não se eximindo a apontar alguns erros anatómicos do seu mestre, além de corrigir algumas das conclusões de Galeno sobre a fisiologia do coração e vasos sanguíneos. Autor do tratado *"De Re Anatomica"* (1559), em 15 volumes. Harvey, erradamente, referiu-o como descobridor da circulação pulmonar. Autor do termo "placenta", cuja estrutura e função reformulou. Descreveu e atribuiu a função sexual do clítoris. Ao estabelecer, por autópsia, o que entendia por exame anatómico normal, Colombo iniciou o caminho para a identificação da causa das doenças que viria a caracterizar a anatomia patológica. Foi amigo e médico de artista plástico Miguel Ângelo, com quem estabeleceu um plano de ilustrações apropriadas ao seu tratado anatómico, que não iria avante por morte deste último.

como Stahl[59], admitiam a existência de espaços entre as artérias e as veias pelos quais passava o sangue; outros entendiam que aqueles dois tipos de vasos originavam um *"mesmo e único canal... (em que) a anastomose é perfeita (pp.9-10)*. Perante estas posições, DM decidiu-se pela decisão de *"aceitar uns e outros pareceres, em razão das diferentes partes do mesmo corpo"(pp.10-11)*. A propósito, em nota de rodapé DM (ou Brandão) mencionou as observações microscópicas de Leeuwenhoek em rãs (nas quais as artérias e veias seriam vasos indistintos, e as descrições anatómicas de Cowper[60], que teria visto o sangue passar das artérias para as veias por meio de anastomoses *(p.11)*.

---

[59] Georg Ernst Stahl (1659-1734). Químico, filósofo e médico Alemão, foi professor de medicina na Universidade de Halle, médico e conselheiro do rei Friedrich Wilhelm I da Prússia, e presidente da Ordem dos Médicos de Berlim. Apoiante do Vitalismo e criador da teoria do flogisto, posteriormente desconsiderada por Lavoisier. Advogava que todos os processos corporais seriam controlados pela alma através do movimento (*movimento tónico*), com destaque para os três tipos mais importantes: circulação do sangue, excreção e secreção. De acordo com o *movimento tónico*, o fluxo sanguíneo através de estruturas porosas seria moderado pelos movimentos de contracção e relaxamento dos tecidos envolventes (atribuíveis ao tónus muscular do sistema circulatório). Propunha ainda que a medicina deveria ser analisada e tratada no seu todo (corpo e alma), não em partes específicas.

[60] William Cowper (1666-1709).Cirurgião e anatomista Inglês. Autor do tratado de anatomia" *Miotomia Reformata*", onde descreve a glândula do sistema génito-urinário em muitos mamíferos masculinos, conhecida pelo nome de glândula Cowper, homóloga da glândula de Bartholin no sexo feminino. Apoiando-se nas observações microscópicas de Leeuwenhoek em peixes e cães, e nos modelos de cera do anatomista Holandês Jan Swammerdam, Cowper debateu o movimento do sangue das artérias para as veia. Numa perspectiva iatromecânica, comparava as artérias e as veias a um sistema de tubos organizados pelo tamanho e localização, de modo a equilibrar os efeitos da gravidade e o peso do sangue.

Comentário 14

O desacordo mencionado por DM quanto à continuidade entre artérias e veias é um tanto surpreendente, pois que, dois milénios antes, já Erasístrato e Galeno haviam postulado a existência de "capilares" em todo o corpo. Para Erasístrato, a interconexão entre as extremidades mais finas daqueles vasos ocorria através de canais invisíveis, com as características de *sinanastomoses* (Harris 1973,196, 282-4).Galeno viria a incluir nos seus textos um conceito semelhante, sob a forma de porosidades minúsculas e invisíveis no revestimento das artérias que, ao contactarem com aberturas idênticas existentes nos intestinos, estômago e pele, possibilitavam a passagem de sangue, conteúdos dissolvidos e substâncias gasosas (*pneuma*) (Galen,1916,317,323;Coxe,1846,386, 402, 409; Harris,1973,282-4; Furley,1984,36).

Por outro lado, a menção dos pormenorizados trabalhos de Leeuwenhoek e observações macroscópicas de Cowper, no século XVII, ignorou Leonardo da Vinci, que já havia identificado capilares dois séculos antes (Guillaume; 1840,54;McCurdy,1923,7,79,84), assim como Malpighi, que os visualizara por microscopia óptica (Young,1929,7-9; West,2015,383-5). (Ver Comentários 7d e 18d).

4.3-Forma, localização, estrutura e actividade do coração

DM caracterizou o coração como um músculo côncavo muito forte *"encerrado num saco membranoso, chamado pericárdio, no meio do peito entre os dois bofes e banhado continuamente com um humor amarelado contido no pericárdio, o qual humor é subministrado pela extremidade das artérias, na opinião de Bergerus[61]"* (*pp.11-12*).Este líquido, *"mais abundante em os que morrem estrangulados ou padecem de doença dilatada"*, seria removido pelos linfáticos *"talvez para que a sua grande abundancia não possa constranger o movimento do coração. O seu uso é de conservar um espaço entre o coração e o pericárdio, e de manter uma certa flexibilidade nestas partes"* (*p.12*).

A descrição prosseguiu com a posição do coração, que, para DM, estaria como que suspenso por quatro vasos sanguíneos e sustido pelo diafragma, assemelhando-se a" *uma figura cónica revirada tendo cada lado um pouco abatido"* (*pp.12-13*). O coração não estaria em posição perpendicular mas horizontal, a base para a direita e a ponta, junto com a maior parte da substância, para a esquerda, onde se sentem os seus movimentos (*p.14*). Em nota de rodapé foi explicada a diferença entre a posição horizontal e vertical.

Das quatro faces, a mais larga designar-se-ia por base, a mais estreita e *"torneada como o bico de um ovo e que se chama ponta"*

---

[61] Autor não identificado.

(*p.13*), e as outras seriam os lados: o inferior estaria sustentado pelo diafragma, enquanto o superior seria convexo. Em nota de rodapé, DM (ou Brandão) justificou que a ponta do coração, ainda que muito mais delgada, resistiria à violência do sangue porque a força contráctil incidiria, principalmente, nas paredes dos ventrículos que "*por terem maior diâmetro obram sobre a maior quantidade de líquido que a ponta*" (*p.13*). Numa nota de rodapé seguinte foi explicada a natureza e posição corporal do diafragma, membrana musculada também designada "*septo transverso, que quer dizer muro, que atravessa*"; foi também feita referência a algumas anomalias cardíacas que terão sido registadas pela Academia de Ciências (decerto a Francesa), tais como a verificada numa mulher sem pericárdio, num corpo com dois corações, num menino com coração para o lado direito, e em outra pessoa que tinha a base do coração virada para a esquerda e a ponta para o lado direito (*pp.14-15*).

Para DM, o coração seria constituído por "*duas cavidades conhecidas pelo nome de ventrículos, dos quais um, que é mais forte, mais grosso, mais comprido e menos largo, é chamado ventrículo direito, ainda que situado anteriormente, e o outro, que é menos forte, mais largo, mais curto e mais laxo, se chama ventrículo esquerdo, ainda que situado posteriormente*" (*p.15*). Na parte superior de cada ventrículo existiriam dois orifícios; "*por um o ventrículo direito, ou anterior, recebe o sangue que lhe vem da veia cava e, pelo outro, lança-o na artéria pulmonar. No ventrículo esquerdo, ou posterior, um dos orifícios deixa passar o sangue que torna do bofe pela veia pulmonar e, o outro, é a abertura da aorta por onde o sangue é levado para se distribuir por todo o corpo"*. Estes quatro orifícios são guarnecidos por válvulas de diferentes espécies, isto é, *umas, abrindo-se, facilitam a chegada do sangue e estão situadas no ponto de união das veias e das aurículas; e outras, fechando-se, opõem-se à volta do sangue, e se acham na origem das artérias"* (*p.16*).

DM acrescentou que, apesar de alguns anatomistas não concordarem com o número e figura das citadas válvulas, *"tem-se descoberto que não havia senão uma em cada orifício, o que tem podido ocasionar o engano nesta matéria são os freios, que formam fibras carnosas"* (*pp.16-17*). Em nota de rodapé foi referido que alguns anatomistas teriam observado válvulas simples, duplas, triplas, etc. (*p.17*).

Na base do coração haveria *"dois apêndices, ou acrescentamentos, que se chamam aurículas, orelhas ou asas; cada uma responde a um dos ventrículos. A membrana de que as aurículas são compostas é mole, frouxa, lisa por fora e enrugada por dentro. Elas recebem o sangue dos seios venosos, isto é, dos sacos formados pelas cavidades das veias, a que as mesmas aurículas são continuadas"* (*pp.17-18*).

Comentário 15

(a) A forma, posicionamento e revestimento membranoso do coração são características tradicionais, conhecidas desde os textos Hipocráticos, em particular *"De Anatome"* e *"De Carnibus"* (Craik,2015,27,45,53-6; Harris,1973, 76, 82) e *"De Core"* (Hippocrates,1978,347). Ao apresentar o coração como um músculo (e, mais adiante, com a forma piramidal), DM confirmou o que um dos seguidores de Hipócrates redigiu em *"De Core"*, c.350-400 aC,: *"a forma do coração assemelha-se a uma pirâmide de cor carmesim escuro ... envolto numa membrana lisa ...onde há uma pequena quantidade de líquido de semelhante a urina...que protege a pulsação do coração e em quantidade suficiente para aliviar o sobreaquecimento...o coração é um músculo extremamente forte, não como um tendão mas como uma massa de carne...contém numa circunferência duas cavidades... completamente diferentes: a face da que está à direita está orientada para baixo e em contacto estreito com a outra"* (Hippocrates,1978,347,348,Harris,1973,85-6;Cheng,2001, 176).

Galeno confirmou as características anteriores (Galen, 1968,I:293,291-3,219,319-20,326,438), embora discordasse da natureza muscular do coração por não ser um tecido fibroso com movimentos voluntários (Galen,1956, 182; Harris, 1973, 270). Vesálio também não o caracterizou como verdadeiro músculo por idêntico motivo (O'Malley, 1964, 176) ainda que, três décadas antes, Leonardo de Vinci tivesse adiantado que o coração era um músculo e que a sístole seria a fase activa do seu funcionamento (Martins e Silva,2008, 256,266). A confirmação da estrutura muscular do coração teria de esperar cerca de um século pelas conclusões de Harvey.

A natureza muscular do coração foi corroborada em tratados dos séculos XVII e XVIII (Gibson,1697,281; Winslow, 1732,589-90). Ettmüller [62] – elogiado por João Marques Correia como *"príncipe das doutrinas modernas"* e, como ele, apoiante das concepções Hipocráticas sobre o coração (Correia,1761,63) – admitia, implicitamente, a natureza muscular das contracções cardíacas, cujo movimento atribuiu, como nos outros músculos, aos *espíritos animais* transportados pelos nervos (Ettmüller, 1703,243,498-9).

No conjunto, a descrição do coração por DM assemelhava-se a anteriores, como em *"De Core"* (Hippocrates,1978,347; Cheng;2001,176,178; *"De Humani Corporis Fabrica"* (Vesalius, 2009,VI: 69-71) e *"De Motu Cordis"* (Harvey, 2016, 19-21,25-6,30-1).

---

[62] Michael Ettmüller (1644-1683).Médico Alemão. Professor de anatomia, cirurgia e botânica na Universidade de Leipzig. Autor de textos e tratados sobre anatomia e química.

Na perspectiva moderna, o coração, mais do que um músculo, é assumido como órgão muscular (Anderson, 1993, 5; Loukas,2016,997-1012) e endócrino (De Bold, 1996, 7,11, 13, 14; Ogawa, 2014,32,35,38).

(b) A referência a uma "base cardíaca" foi utilizada ao longo do livro, no pressuposto de o coração ser constituído somente pelos ventrículos, cujo topo seria aquela "base", sobre a qual se situavam as aurículas, como meras expansões das veias cava e pulmonar. Seria esse o conceito anatómico do coração no século XVIII, tal como Winslow[63] se lhe referiu no seu tratado (Winslow,1732,589-90), talvez apoiado nas observações de Mondino[64] (Ball,1910,32; Infusino,1995,73) e Vesálio (Vesalius, 2009, VI:78; Silverman,1991, 278; O'Malley,1994,176).

Por seu lado, Vesálio seguira os ensinamentos de Galeno (Galen,1956,185,189), de Erasístrato (Harris,1973, 25,273) e de outros seguidores Hipocráticos, nomeadamente Rufo de

---

[63] Jacques (ou Jacob) Benigne Winslow (1669-1760). Anatomista Dinamarquês, naturalizado Francês. Professor de anatomia no Jardin du Roi, em Paris, Autor de várias traduções e do tratado *"Exposition Anatomique de la Structure du corps Humain»*.

[64] Mondino de Luzzi (c.1270 – 1326).Anatomista e médico Italiano. Professor de cirurgia na Universidade de Bolonha. Reiniciou o costume das dissecções públicas de cadáveres humanos e introduziu no currículo médico o ensino sistemático de anatomia e dissecção. Foi autor, entre outros, de *"Anathomia Corporis Humani"*, considerado o primeiro tratado moderno de anatomia, que se tornou num texto clássico utilizado durante os dois séculos e meio seguintes.

Éfeso[65] (Harris,1973,86-7,264). Pelo contrário, Herófilo (von Staden,1989,178, 222-3) e, também (ainda que de forma um tanto dúbia), o Autor Hipocrático de *"De core"*, entendiam que as aurículas faziam parte do coração, pelo que este órgão seria constituído por quatro câmaras (Hippocrates,1978, 348, 349;Harris,1973,180;Craik2015,55). Cerca de um milénio mais tarde, em 1508, portanto antes das observações de Vesálio, Leonardo Vinci apresentara o desenho de um coração com quatro câmaras (Keele, 1951,210; Kemp, 2007, 60-1). Adicionalmente, argumentou exaustivamente contra o conceito tradicional de o coração ser constituído por dois ventrículos, quando ele próprio observava serem quatro câmaras, duas em cima (que eram as aurículas) e duas em baixo (Leonardo,1952,91-3).

A definição de Vesálio acima mencionada não era, todavia, inteiramente clara; a par da indicação dos ventrículos como a base do coração, em que o direito estava associado à veia cava e o esquerdo à aorta, também incluía as aurículas, orifícios, vasos e *membranas* (válvulas) como partes necessárias ao seu funcionamento (Vesalius,2009, VI: 79). Deste conjunto, a veia cava e a aorta teriam origem no coração (Vesalius,2009,VI:80), o que não era mais do que a

---

[65] Rufo de Éfeso, médico Grego, viveu no século I dC. Seguidor, em geral, das teorias Hipocráticas. Autor de mais de uma centena de tratados e outras obras sobre diversos assuntos, tais como, anatomia, dietética, patologia e, cuidados de saúde, a maioria das quais traduzidas em Arábico.

ideia talvez iniciada por Empédocles[66] e Platão, em que aquele órgão seria o ponto de origem do sistema vascular (Singer,1921,208;Harris,1973,121). Esta hipótese foi reconhecida, claramente, por Aristóteles (Aristotle,1961,117) e Erasístrato (Harris,1973, 196,323), e mencionada num texto Hipocrático do século V, *"De Ossium Natura"* (Craik, 2015,224,229). Porém, em *"De alimento"*, do século seguinte, era especificado que as veias provinham do fígado, enquanto as artérias tinham origem no coração (Hippocrates, 1957,353;Craik,2015,22).

Seguindo a mesma orientação, Galeno afirmara que o fígado, além de ser a proveniência das veias, também era o local da formação do sangue (*"sanguificação"*) (Galen,1968,I:53-4),enquanto a *"cavidade esquerda "* do coração representaria o ponto de partida da aorta e o início da rede arterial (Galien,1994,I:308;Coxe,1846,401,405,412, 414,417; Harris, 1973, 324-5).

Vesálio entendia que as aurículas estavam posicionadas como apêndices, semelhantes a orelhas, na "base ou cabeça" do coração (Vesalius,2009, VI:89).Este conceito, atribuído a Diocles (Harris,1973,105; von Staden1989,172) e baseado no

---

[66] Empédocles de Agrigento (c. 490 – c. 430 aC). Filósofo Grego pré-socrático e pensador científico, natural da colónia Grega na Sicília. Criador da teoria dos quatro elementos essenciais em todas as estruturas do mundo (ar, água, terra, fogo),que permaneceu como dogma durante os dois milénios seguintes.

pressuposto de as aurículas funcionarem como orelhas do coração (órgão primacial do corpo humano), para o escutar e compreender (em complemento das sensações e inteligência, referidas ao cérebro), foi expressamente rejeitado pelos Hipocráticos (Hippocrates,1978,250; Harris,1973,87,105).

Embora comparasse as aurículas a orelhas por se situarem dos dois lados do coração, como excrescências membranosas aparentemente autónomas, Galeno conferia-lhes a função de cavidades auxiliares dos movimentos cardíacos (Galen,1956, 184,185); por vivissecção animal, verificou a continuação dos *"movimentos das aurículas"* depois de remover a parte média do coração (Lambert,1936b,385).

Menos de um século depois, Harvey constatou (lembrando que Galeno também mencionara o facto) que *"o coração cessava de pulsar [67] antes das aurículas...o ventrículo esquerdo era o primeiro, seguido pela aurícula do mesmo lado, depois o ventrículo direito e, por fim, depois de todas as partes do coração estarem paradas e mortas, a aurícula direita ainda batia"* (Harvey,2016,26). Relatou ainda que, ao encostar um seu dedo (morno e humedecido com saliva) ao coração recém-parado de um pombo, as aurículas e ventrículos recomeçaram a contrair-se e a distender-se,

---

[67] Harvey teve o cuidado de explicar que, por pulsação, queria significar contracção, das aurículas e ventrículos.

alternadamente, como que recuperando uma nova vida (Harvey,2016,27). Este pormenor, que faz lembrar o princípio da estimulação cardíaca, hoje comummente utilizada nas situações de morte aparente, faria de Harvey o seu precursor histórico.

Ao afirmar que *"o coração cessava de pulsar antes das aurículas"* (Harvey,2016,26), Harvey excluía, como outros seus antecessores, as aurículas como parte integral da estrutura cardíaca. A observação quanto à aurícula direita ser a última componente cardíaca a cessar actividade é explicada, actualmente, pela presença de cardiomiócitos especializados na respectiva estrutura, donde emanam os potenciais de acção que determinam o ritmo cardíaco (Sanchez-Quintana,2003, 1085-6).

(c) A descrição de DM sobre as características dos ventrículos cardíacos é, na generalidade, incorrecta e contrária ao que se conhece desde os textos Hipocráticos (Craik,2015,54;Harris,1973,86-7,264) e de Galeno (Galien, 1994,I:139-40;Harris,1973,274), em obras contemporâneas do original traduzido (Winslow,1732,590-1; Vesalius, 2009, VI:78-9,100-1) e na actualidade (Klabunde,2012,61; Loukas, 2016,996-8,1001-11). De facto, é errado afirmar-se que o ventrículo direito é " *o mais forte, mais grosso, mais comprido e menos largo*", assim como caracterizar o ventrículo esquerdo como o *"menos forte, mais largo, mais curto e mais laxo"* (*p.15*).

(d) Pelos motivos em (b), localizar as válvulas na "base" do coração, *"no ponto de união das veias e das aurículas"* (*p.16*), que se presume serem as auriculoventriculares, é incorrecto. DM terá seguido as concepções da Antiguidade sobre a estrutura cardíaca, ainda em vigor durante os séculos XVII e XVIII.

A primeira descrição das válvulas cardíacas data século III aC, por Herófilo, ainda que, segundo Galeno, não tivesse a precisão revelada pelas observações de Erasístrato (Galen, 1968,I:27;Harris,1973,84,95,1968;Furley,1984,27,213;von Staden,1989,178,222). Para Erasístrato, aquelas válvulas demonstrariam a irreversibilidade do fluxo sanguíneo (von Staden,1975,182-4). No texto Hipocrático *"De Core"*, da mesma época ou um pouco posterior, incluía-se a descrição das válvulas da aorta, artéria pulmonar e aurículo ventriculares, a que se associavam as cordas tendinosas, músculos papilares e trabéculas carnosas (Hippocrates, 1978,349-50).

À data da publicação de *"Instrucçaõ"*, já Leonardo da Vinci, dois séculos antes (c.1508-1513), havia observado válvulas cardíacas em cadáveres de humanos e bovinos; a localização, forma e inserção dessas válvulas, em particular a tricúspide e a aórtica, foram registadas em belos e elucidativos desenhos da sua autoria (Keeele,1951,210-3;Kemp,2007,53,58-9,61; Martins e Silva, 2008,256-69). Adicionalmente, recorrendo a observações sobre o fluxo e redemoinhos da água em presença de obstáculos e desníveis, Leonardo concebeu, por analogia, a função dos vórtices formados na aorta inicial, subsequente à ejecção sanguínea ventricular, no encerramento das válvulas cardíacas (Keele 1951,212; Robicse,2008,330-1).

As particularidades anatómicas do coração e das respectivas válvulas foram, posteriormente, confirmadas por Vesálio (Vesalius,2009,VI:85-8; Ball,1910,46,108; 'Malley,1964,51, 177) e por Harvey (Harvey,2016,12,91.). Portanto, à data do livro em análise, já fora demonstrado que o coração tinha duas válvulas auriculoventriculares (tricúspide e mitral) e duas "válvulas arteriais", ou seja, as que estavam inseridas no segmento inicial das artérias pulmonar e aorta.

Foi através da dissecção e vivissecção de grande número e variedade de animais que Harvey compreendeu a circulação do sangue no corpo humano. O reconhecimento da estrutura cardíaca e da presença de válvulas no sistema cardiovascular, essenciais para o condicionamento do fluxo de sangue numa só direcção, e a impedirem o seu refluxo, primeiro influenciaram (Boyle,1664,34-5) e, depois, tornaram-se peças indispensáveis para a concepção do modelo da circulação descrito por Harvey (Leibowitz,1957,190). Este assunto será reanalisado adiante.

(e) Relativamente ao número de grandes vasos (na realidade, artérias) que DM associou à crossa da aorta, fica por esclarecer se incluía as duas carótidas e as duas subclávias, ou se incluía também o tronco braquiocefálico. Winslow, no seu tratado quase contemporâneo (e elogiosamente citado em "*Instrucçaõ*") referira duas alternativas vasculares: ou três ramos (com um tronco comum que se subdivide) ou quatro, com as artérias derivadas (Winslow, 1732, 363-4). Vesálio, baseando-se nas observações de Galeno em macacos, apresentara um tronco comum (tronco braquiocefálico) como a origem de quatro artérias, duas carótidas e duas subclávias (Vesalius,2002,III:113-4).

Deve-se Eustáquio[68], c. 1550, a clarificação da anatomia dos grandes vasos da aorta (Singer,1946,xlvii-viii), semelhante à que, como estrutura normal e possíveis variantes, é actualmente aceite (Loukas,2016,1024-6; Kau,2007,141-7).

---

[68] Bartolomeu Eustáquio (c.1500 ou 1514-1574). Anatomista Italiano, contemporâneo de Vesálio, com quem partilhou a fundação científica da anatomia humana. Distinguiu-se no estudo do ouvido, ficando conhecido, entre outras descobertas e estudos, pela descrição do canal da trompa peri-faríngea que tem o seu nome.

(f) Quanto ao pericárdio, há um reparo a fazer na descrição de DM sobre a localização do seu conteúdo. Do modo como o texto em apreciação está redigido (ou traduzido), parece haver a ideia final, incorrecta, de que o líquido pericárdico se localiza entre o pericárdio e o coração.

Pelos conhecimentos actuais, o pericárdio é um saco fibrosseroso avascular que envolve o coração, a origem das grandes artérias e a entrada das grandes veias (LeWinter, 2012,1651-2; Little,2006,1622). Na sua constituição entram duas membranas, uma externa, fibrosa (tecido conjuntivo), e outra interna, serosa (camada unicelular mesoendotelial). Entre as duas camadas existe um espaço potencial que contém, em condições normais, sob pressão subatmosférica, entre 15 a 35-50 ml de humor aquoso. Este líquido, ao contrário do que se pensava, não provém directamente de artérias (como sugeriu DM), antes consiste num ultrafiltrado plasmático, cujo volume depende do equilíbrio entre a quantidade produzida e a que (como foi correctamente pressuposto no texto original) é removida pelos linfáticos (Shabetai,2003,5,7-9).

O humor aquoso do pericárdio evita, como lubrificante, a fricção das respectivas membranas durante a actividade cardíaca, a par com a protecção que confere ao coração contra traumatismos externos e infecções. As características da efusão pericárdica, de tonalidade amarelada, podem ser modificadas em diversos tipos de pericardite (LeWinter,2012, 1655-61; Shabetai,2003, 51-62, 87-8).

No seguimento, DM descreveu o grande número de fibras carnosas que constituiriam o coração, umas comuns aos dois ventrículos e outras próprias de cada ventrículo. Num primeiro plano situavam-se as fibras compridas ou longitudinais, da base do coração até à ponta, onde seriam introduzidas por pequenos tendões imperceptíveis; as do segundo plano, sob as primeiras, desciam obliquamente da parte direita da base para a esquerda e depois para a ponta, donde voltavam a subir em direcção contrária, formando a parede interior dos ventrículos. Este entrelaçamento tornaria o coração mais sólido *"destinado a mover-se desde o primeiro instante da nossa existência até ao tempo da nossa destruição... o primeiro que se move e o último que morre"* (*pp.18-20*).

Em Fisiologia - a que DM atribuiu a imaginosa definição de ser "*a parte da medicina em que se tratam todas as partes tanto sólidas como fluidas que compõem o corpo humano*" (*p.30*) - a força da coração foi um ponto de grande discórdia. Sem querer alongar-se, DM sugeriu duas forças: "*uma que lhe é própria e que depende do número e densidade das suas fibras; a segunda, que se pode chamar de compressão, pela qual ele aperta o sangue que encerra nos seus ventrículos, do que se segue a impulsão com que ele lança o mesmo sangue nas artérias*" (*p.32*). Destarte, o coração comportava-se como uma *"espécie de bomba, cujo movimento contínuo distribui o sangue por todo o corpo e o recebe continuamente. Esta acção se chama circulação"* *(p.32)*.

A dinâmica cardíaca incluiria dois tempos alternados: a diástole (dilatação) e a sístole (contracção), que existiriam, também, nas aurículas e nos seios venosos contínuos. Enquanto as aurículas se contraem, os ventrículos estariam em dilatação. Quando os ventrículos se contraem, *"o coração diminui em todo o sentido... o que é uma consequência da acção de todas as fibras. Ele faz-se pálido e duro, a sua capacidade diminui, o sangue sendo espremido e lançado nas artérias, somente porque as válvulas do orifício das veias se fecham à entrada"* *(p.21)*. Na dilatação sucederia o contrário: *"o volume cardíaco aumenta e o sangue é recebido nos ventrículos"* *(p.21)*.

A contracção dos ventrículos diferiria do patenteado pelas aurículas; enquanto nos ventrículos, a contracção de todas as fibras parecia simultânea, desde a base até à ponta, tal não sucederia nas aurículas. Embora algumas hipóteses atribuíssem a sístole e a diástole cardíacas à elasticidade das fibras que, depois de dilatadas, voltavam à primitiva, DM entendia-as de modo diferente, demonstrando-o com o exemplo de cortar pelo meio o coração de um animal vivo, que continuava a contrair-se e a dilatar-se durante mais algum tempo, *"posto que então as suas fibras já não deviam ser mais dilatadas por causa de estar saindo o sangue"* *(p.22)*. Ou seja, DM sugeria que os movimentos cardíacos não dependeriam (somente) da elasticidade das fibras mas de um comportamento de natureza muscular e *"que ele seja devido consequentemente ao fluido nervoso (p.24).*

Depois de considerar não ser fácil explicar a alternância da contracção e dilatação de aurículas e ventrículos, e sem se deter nas várias hipóteses propostas, DM sugeriu que o movimento das aurículas determinava o dos ventrículos " *e que, por esta razão, estes dois movimentos se fazem alternativamente"* (*p.28*); daí as aurículas não poderem contrair-se sem lançar o sangue nos ventrículos e ou *"sem puxar ao mesmo tempo pelas fibras dos ventrículos"* (*p.28*). Deu o exemplo de *"picarem as aurículas de um coração ainda quente cuja ponta tenha sido cortada, ainda que o sangue já não possa ocasionar irritação por motivo de ele não existir, se vêem as aurículas contrair-se e, logo depois, os ventrículos, o que certamente não pode ter nesta ocasião outra causa senão a retracção das fibra*s" (*p.29*).

Comentário 16

(a) A descrição apresentada por DM, quanto às fibras que formam a estrutura do coração, confirma o que atrás foi comentado, relativamente à influência que o conceito da "medicina fibrosa" (Ishizuka,2012,571) terá exercido no período em que a obra original de DM e a *"Instrucçaõ"* foram escritas. A intervenção das fibras na robustez do coração é uma conclusão lógica, ainda que naturalmente limitada aos conhecimentos da época. A estrutura histológica do miocárdio era, então, desconhecida.

Todavia, a ideia de o coração ter uma textura fibrosa já fora invocada na Antiguidade. O autor de "*De Core*", embora "privilegiasse a natureza muscular do coração, associava-lhe uma densa estrutura fibrosa (Craik, 2015,54). Por sua vez, Galeno afirmava (no seu tratado "*De Anatomicis Administrationihus*") que o coração, assim como, em menor grau, todos os músculos, estômago, intestinos, bexiga e útero, eram constituídos por diversos tipos de fibras com espessura e força distintas, orientadas em diversas direcções e revestidas por "*carne*" simples que conferiam aquele órgão grande resistência e acção enérgica (Galen,1956,182; Daremberg,1854,400-2;Harris,1973,273).

Embora não considerasse aquela constituição fibrosa um músculo, Galeno reconhecia-lhe motilidade própria, que persistia ainda durante algum depois de o coração ser retirado do animal; atribuindo-a à ausência de inervação cardíaca (Galen,1956,184). Em compensação, a contracção e o relaxamento alternados das fibras (longitudinais e diagonais) existentes nos ventrículos contribuiriam para a sístole e diástole cardíacas (Galien,1994, I:110-1). Indo mais longe, Galeno explicou que a diástole ventricular induzia a contracção das válvulas auriculoventriculares, com o subsequente esvaziamento do sangue das aurículas para os ventrículos (Galien,1994,I:134-5,139).

Vesálio, ao indicar que a "principal substância do coração era carne", constituída por três tipos de fibras muito robustas e compactas (longitudinais, oblíquas e transversas ou circulares) que, por se entrelaçarem, conferiam um padrão inconsistente, a envolver cada um ou ambos os ventrículos (cuja ponta seria muito mais densa no que a base do coração), terá contribuído para a interpretação apresentada por DM. Acresce que Vesálio salientara que a disposição das "fibras carnosas" no coração era claramente distinta da evidenciada por outros tipos de músculo (Vesalius,2009, VI:72-3).

Já no período pós-Harvey, ainda no século XVII, Gibson[69] também definiu o coração, constituído pelas aurículas, ventrículos e um septo interventricular (Gibson,1697,303), como uma substância espessa e densa, mais fina e mole do lado direito e mais densa e firme à esquerda, compacta e dura

---

[69] Thomas Gibson (1647-1722). Médico e anatomista Inglês. Em 1719 foi nomeado médico-chefe do Exército Britânico. O seu tratado, em oito edições, não trouxe novidades para os conhecimentos anatómicos da época, ao basear-se, essencialmente, nos trabalhos de antecessores, como Alexander Read, Thomas Bartholin, William Harvey e Marcello Malpighi. Contudo, o que ressalta da sua obra é o tipo de ilustração utilizada, semelhante ao tipo de exposição anatómica iniciada por Vesálio.

na ponta. Na maior parte, o *"parênquima cardíaco"*, como lhe chamou, seria constituído por fibras musculares, pelo que, na sua opinião, deveria ser classificado como um músculo. As fibras, da base ao cone e mais fortes no lado esquerdo, ligadas a uma espécie de tendões sob as aurículas (ao contrário do descrito por DM), dispunham-se em torno dos ventrículos com orientação longitudinal ou oblíqua, dispondo-se estas em duas camadas de sentido contrário (Gibson,1697,281).

(b) Faltava ainda associar a disposição das fibras à respectiva actividade e participação na dinâmica cardíaca. A função que DM atribuiu às fibras musculares durante o ciclo cardíaco complementava as observações de Galeno e concordava, na generalidade, com as de Vesálio (Vesalius, 2009,VI:74), ou seja, as fibras participariam nas fases cíclicas de distensão, contracção e repouso intercalar da dinâmica cardíaca.

Como Galeno,Vesálio (Vesalius,2009, VI:74) acreditava que o movimento cardíaco "incansável" era involuntário e, portanto, independente dos nervos do cérebro, respondendo, somente, à "vontade do Criador do Mundo". A distensão (diástole) resultaria do alargamento lateral e encurtamento vertical do coração, da ponta para a base, por acção das fibras longitudinais localizadas no interior dos ventrículos (ao contrário do descrito por DM, que as situou no exterior).

A sístole resultaria da contracção das fibras transversas ou circulares localizadas na face externa, em simultâneo com o relaxamento das fibras longitudinais e subsequente alongamento do coração, devido afastamento relativo entre a ponta e a base. A contracção das fibras oblíquas originaria o período de repouso pré-sistólico. Gibson associou, também, a contracção e o relaxamento das fibras "carnudas" ao movimento cardíaco; a contracção das fibras durante a sístole ventricular acontecia a par da diástole auricular, enquanto a respectiva sístole ocorreria durante a diástole ventricular, incessantemente, motivada por "causa sobrenatural" (Gibson,1697, 287,305-6).

Na sua obra, que já reflectia, em parte, os conceitos de Harvey (Harvey,2016,20-1,30,92), Winslow descreveu o coração (circunscrito aos ventrículos) como um músculo constituído por fibras "musculosas ou carnudas" com orientação oblíqua, dispostas em arco ou em ângulo (as mais extensas); as extremidades destes dois tipos de fibras iniciavam-se junto da base do coração (leia-se, ventrículos) enquanto a parte média estaria orientada para a ponta. As fibras mais longas revestiriam o exterior e, em parte, o interior do coração, enquanto as mais curtas, situadas entre as camadas das mais longas, prevaleciam junto da base. Esta disposição explicaria que a parede dos ventrículos fosse muito fina junto da ponta do coração e muito mais espessa próximo da base. Cada ventrículo teria as suas próprias fibras, ainda que muito mais abundantes no esquerdo do que no direito; esta particularidade daria origem à extensão da camada fibrosa exterior por toda a superfície convexa do coração, o qual ficaria como que disposto em dois sacos (os dois ventrículos) encerrados num terceiro saco comum (Winslow,1732,590-1).

As fibras "carnudas", ao contraírem-se durante a sístole ventricular, provocariam, simultaneamente, o encerramento das válvulas auriculoventriculares em ambas as cavidades enquanto abriam as semilunares, com subsequente expulsão do sangue para as artérias; na sístole ventricular, as aurículas distendiam-se com o aporte de sangue venoso; o relaxamento das fibras durante a diástole ventricular e a abertura das válvulas auriculoventriculares seriam seguidos pela sístole das aurículas e pela imediata passagem do sangue aí alojado para os ventrículos, induzindo-lhes a distensão (Winslow,1732, 596-7). Assim sendo, a estrutura fibrosa do coração apresentada por DM e as citadas descrições de Vesálio, Gibson e Winslow, diferiam entre si.

Albrecht von Haller reabriu a discussão que, então, pretendia associar a dinâmica do coração ao tipo e comportamento das fibras que o constituíam, as quais, como elementos estruturais do corpo, possuiriam reactividade própria (von

Haller, 1801,9-15). Na realidade, esta inovação não foi mais do que a adaptação do conceito da *"irritabilidade"* que Glisson[70] propusera um século antes. Para uma melhor apreciação deste assunto, a importância da *"irritabilidade"* na dinâmica cardíaca será pormenorizada mais adiante.

As fibras animais propostas por von Haller eram concebidas como cilindros delgados representados por linhas ponteadas (von Haller1801,2). Actualmente, as fibras que compõem o miocárdio são individualizadas como células musculares estriadas (miócitos) com algumas micras de largura e extensão, assentes numa matriz de tecido conjuntivo e agrupadas (miofibras) por três tipos de bainhas (endomísio, perimísio e epimísio). Deste conjunto, com organização estrutural e bioquímica complexa, depende a contractilidade muscular (Katz,2011,88-142).

---

[70] Francis Glisson (1597-1677).Médico, iatrofísico, fisiologista e filósofo Inglês. *Regius* professor de medicina da universidade de Cambridge, *fellow* do *Royal College of Physicians of London*, onde foi presidente durante vários mandatos e leitor de Anatomia. Autor de vários livros com dados experimentais em que abordava outros temas, como a circulação do sangue, função dos nervos e doenças hereditárias. Um dos livros, em colaboração, abordava o raquitismo, (*"De rachitide"*), Num livro sobre a anatomia e estrutura hepática (*"Anatomia hepatis"*), defendeu que a fracção biliar das veias hepáticas era "atraída/sugada" pelos canais biliares, enquanto o sangue restante era "atraído" pelas veias hepáticas Também descreveu a membrana fibrosa envolvente do fígado, que ficou conhecida por "cápsula de Glisson". Num outro tratado (*"Tractatus de ventriculo et intestinis"*), publicado no ano em que faleceu, apresentou uma teoria sobre a função dos nervos e respectiva participação na contracção muscular. Os dois últimos tratados constituem uma obra enorme que abarca a anatomia geral, a anatomia e fisiologia do aparelho digestivo e a embriogénese.

A disposição estrutural dos miócitos continua a ser um assunto muito polémico. Em oposição ao músculo-esquelético, não é possível separar feixes musculares nem bainhas fibrosas na estrutura do miocárdio, embora se aceite a arquitectura heliocoidal das paredes ventriculares (Pettigrew,1908,506-8), com algumas particularidades no ventrículo esquerdo (Grenbaum,1981,261-2). Admite-se a hipótese de o coração derivar da modificação de um vaso sanguíneo, em alternativa ao conceito da "banda ventricular" (Anderson,2005,520,521-5).

Terá sido a disposição helicoidal das fibras musculares na superfície de ambos os ventrículos, com ângulos de orientação diferente da superfície externa para a interna do miocárdio, que, ao longo dos séculos, confundiu sucessivos Autores. DM e Brandão, assim como Harvey (Harvey, 2016,92) e anatomistas anteriores (Vesalius, 2009,VI:72-3; Gibson,1697,281; Winslow,1732, 589-90), consideravam que as "fibras ou feixes musculosos" individualizáveis e contínuos, ao revestirem as paredes ventriculares, teriam significado funcional. O comprimento inicial daquelas fibras determina o aumento do volume ventricular inicial e o subsequente reforço da força contráctil, identificados na lei de Starling para o coração. Na realidade (actual), esses "feixes" aparentes constituem estruturas muito descontínuas do revestimento ventricular, ainda que suficientemente robustas para protegerem e participarem na dinâmica cardíaca (Harrington,2005,1327-9; Cheng,2008, 717-9).

Tudo indica que a disposição estrutural das fibras cardíacas, aparentemente distribuídas por duas populações laminares, exerce uma acção importante em electrofisiologia e, em particular, nas funções mecânicas e processos regeneradores do coração (Lombaert,2011,5; Hooks,2017, e109-10). Acresce que o desempenho cardíaco pode ser influenciado, negativa ou positivamente, por diversos factores (directos e indirectos) intrínsecos do miocárdio, inervação simpática, natureza mecânica e ou moduladores diversos (fisiológicos, farmacológicos ou de outra natureza exógena), com repercussão potencial no débito cardíaco e na subsequente adaptação às necessidades metabólicas teciduais (Granger,1998,1925-6,1928-9;Katz, 2011,313-42).

(c) Ao comparar a actividade cardíaca a uma "espécie de bomba", DM seguiu o conceito mais tradicional. Treze séculos antes, Erasístrato já atribuíra ao coração funções propulsoras comparáveis às de uma bomba hidráulica (Harris,1973,211). Esta teoria foi apoiada por Leonardo, para quem o coração seria uma bomba hidráulica essencialmente orientada para o aquecimento do sangue (por fricção interna), antes de o distribuir através de vasos (artérias e veias) para os órgãos e tecidos do corpo (Keele,1951,209-11;Shoja, 2013,

1130). Nem Galeno nem Harvey compararam, com clareza, o funcionamento do coração ao de uma bomba (Siegel,1967, 117-20).

No século XVIII, surgiu a ideia de assemelhar a actividade cardíaca à de um gerador de pressão (Hales 1727,106-7,136). Admite-se, actualmente, que nem este nem os anteriores conceitos explicam a circulação sanguínea. Ademais, foi suscitada a hipótese de o sangue poder circular na ausência de coração, tendo por base observações em embriões que continuavam a desenvolver-se durante algumas semanas após aquele órgão ter deixado de funcionar (Furst,2014,37-8, 41-5) ou lhes ter sido retirado (Knower,1907,162-3).

Segundo um dos modelos mais recentes, o débito cardíaco dependeria (quase em absoluto) da circulação venosa e (muito pouco) da actividade cardíaca, sendo esta equivalente a uma bomba hidráulica (Guyton,2006,103,232-4). Em alternativa, o coração funcionaria como uma bomba de características particulares: enchimento passivo e sem gasto de energia (na diástole), a qual seria despendida somente no esvaziamento (pela contracção sistólica) (Anderson 1993,5).

Para justificar diversas situações experimentais e clínicas que se afiguravam paradoxais (Furst,2015,1688; Mitchel, 2015, 242), foram adiantadas algumas hipóteses, sobretudo as que

(i) privilegiam a acção do sistema vascular e ou da auto-impulsão do sangue sob estímulo cardíaco (Marinelli, 1995, http://www.rsarchive.org/RelArtic/Marinelli/) ou (ii) rotulam o coração como órgão gerador (Mitchell,2015, 242-6) ou regulador do fluxo sanguíneo, neste caso por impedância, em função das necessidades metabólicas teciduais em oxigénio e da oxigenação pulmonar (Murray,1926,209,212-3; Furst 2015, 1689).

Pelo exposto a teoria de o coração funcionar como uma espécie de bomba (em sistema hidráulico, que inclui a rede vascular) continua a ser um assunto sob discussão (Ver Comentário 18d).

(d) As observações de DM quanto à alternância da sístole e da diástole das aurículas e ventrículos, em parte comentadas na alínea anterior, assim como as alterações de forma e volume cardíaco naquelas fases, concordam com resultados contemporâneos (Gibson,1697,304; von Haller, 1757,44-52). E do conhecimento presente (e será também debatido mais adiante), que o sincronismo e automatismo constantes do ciclo cardíaco são determinados, sobretudo, por um sistema gerador, regulador e condutor de impulsos eléctricos centrado em cardiomiócitos com actividade rítmica (Mangoni,2008,922-9,). Em plano secundário, intervêm factores hemodinâmicos (Secomb,2016,18-9,31-2).

4.4- Origem do movimento cardíaco

Atendendo à quantidade de fibras carnosas que compõem o coração, à sua dureza quando em contracção e à paralisia que advém após seccionar ou atar completamente os nervos, DM concluiu que o comportamento muscular *"seja devido consequentemente ao fluido nervoso"* para, de seguida, se interrogar quanto à (i) causa que *"obriga os espíritos animais a correr em grande abundância para ocasionar a contracção"* (*p.24*), (ii) e ao motivo de os movimentos das aurículas e ventrículos não serem simultâneos (*pp.21-4*).

Para explicar a primeira interrogação, DM adiantou que a causa do influxo dos *espíritos animais* seria o sangue. A dilatação das aurículas e dos ventrículos resultaria, também, da *"irritação"* que neles provoca o sangue *"que faça acudir o fluido nervoso com maior abundancia e excitar, por consequência, a contracção das fibras musculosas"* (*pp. 25-6*). Na maior parte, as acções involuntárias dever-se-iam sempre a este mecanismo de " *maior afluência dos espíritos animais*" (*p.26*). Deste modo, à contracção seguir-se-ia a dilatação *"porque a causa da primeira cessa, ou seja, a presença de sangue,* (pelo que) *os espíritos animais já não correm com tanta abundância* (e) *o sangue é lançado para estas partes e facilita ainda a dilatação* (enquanto) *as fibras, pela sua elasticidade buscam pôr-se em seu estado natural"* (*pp.26-7*).

DM (ou, aqui mais provavelmente, Brandão) resolveu definir, em nota de rodapé, o que se entendia, na época, por *espíritos animais*. Numa longa explicação, comparou-a a uma *"substância muito subtil, fluida e imperceptível separada da massa do sangue (....) tendo a sua origem no cérebro se distribuem por todas as partes do corpo por via dos nervos, que se supõem ser canudos muito delgados. Por esta razão se chamam também fluido nervoso. Eles são os que fazem o sentimento e o movimento e com eles se explicam a maior parte daqueles movimentos ou acções que, por não dependerem da nossa vontade, se chamam involuntários. A irritação ou pancada sucedida em qualquer parte do nosso corpo faz acudir logo os espíritos animais. Estes espíritos, por causa de serem excitadas as membranas do estômago pelos alimentos aí preparados e cozidos, correm a estas membranas, aumentando o seu tom, ou tesura, e fazendo contracção nas suas fibras... ...Muitos duvidam da existência dos espíritos animais crendo que, admitindo que pela tensão e pelas vibrações dos nervos se pode explicar o mecanismo das sensações (pp. 25-26)*. Aquela dúvida nascera, explicou, de uma tese defendida por Bryan Robinson[71] nas Escolas de Medicina de Paris, em 1749, em que, com numerosas experiências, foram explicados os movimentos musculares, ao mesmo tempo que mostrariam *"a falsidade da opinião dos que defendem a existência os espíritos animais" (p.26)*. Referiu, ainda, a reduzida aceitação dos *espíritos animais* revelada por José

---

[71] Bryan Robinson (1680-1754). Médico Irlandês, professor do *Trinity College*, em Dublin. A tese citada designava-se "*A Dissertation on the Aether of Sir Isaac Newton*". Dublin: Printed by S. Powell, for Geo. Ewing and Wil. Smith, 1743.

Rodrigues de Abreu[72], por ser um aderente da doutrina de Stahl, pela qual *"todas acções e operações do corpo são feitas pela alma"* (*pp.26-7*). Concluiu, afirmando que *"há razões de uma e outra parte"*, pelo que, como Autor, teria de admitir a existência daqueles *espíritos*, cujos fundamentos e acção seriam evidentes a propósito da respiração pulmonar (*p. 27*).

Comentário 17

(a)A análise desta parte do texto inclui duas questões cruciais muito debatidas durante os séculos XVII e XVIII, sob perspectivas diferentes: (i) natureza da transmissão nervosa e da dinâmica muscular e (ii) significado de *"irritação"* ou "pancada" em dinâmica cardíaca. DM revelou-se conhecedor do assunto embora com alguma imprecisão conceptual, decerto atribuível a uma inerente complexidade do assunto, suscitador de múltiplas interpretações. Por outro lado, a apresentação de temas naturalmente complexos a uma audiência de Principiantes, explica a simplificação utilizada na sua exposição, assim como a ausência de referências retrospectivas. Por conseguinte, quer pelo motivo exposto quer pela importância que as propostas, então apresentadas, tiveram para a elaboração dos conceitos actuais, justifica-se uma apreciação mais alongada.

---

[72] José Rodrigues de Abreu (1682-1752?).Médico Português. Autor do tratado *"Historiologia Medica, Fundada e Estabelecida nos Princípios de George Ernesto Stahl, Famigeradíssimo Escritor do Presente Século, e Ajustada ao Uso Prático deste País"*, Lisboa, 1733.

(b) DM atribuiu a dinâmica cardíaca a um influxo de *fluído nervoso* (equivalente aos *espíritos animais*) proveniente do cérebro, em que causa única seria o sangue. Ao admitir a validade de ambos os termos, demonstrou que uma ideia da Antiguidade ainda se intrometia como explicação plausível da dinâmica cardíaca mais de dois milénios depois. De facto, a ideia dos *espíritos animais* remonta ao período Hipocrático, ou anterior, em que se atribuíam as capacidades vitais do organismo humano ao ar respirado (designado "*pneuma*"), transportado do cérebro pelas "veias" (termo que então designava, em geral, vaso e nervos) a todo o corpo (Harris,1973,40-3).

Erasístrato, que foi dos primeiros a distinguir as artérias das veias, admitia que as artérias continham o "*pneuma (espirito) vital*" enquanto os nervos transportavam o "*pneuma (espirito) animal* ou *psíquico*", proveniente do cérebro, destinado a vitalizar os "*átomos*" integrantes da matéria corporal (Furley,1984,29; Harris,1973,38,219,221,231). Pela ideia de Erasístrato, um tanto contestada mas desenvolvida por Galeno, o/os *espírito/s animal/is* (que DM declarou aceitar como explicação para o ciclo cardíaco) resultariam da transformação pelo cérebro do *espírito vital* (proveniente do ventrículo esquerdo do coração) em *espírito animal* ou *psíquico*. Armazenado e amadurecido nos ventrículos cerebrais, o *espírito animal* circularia pelo cérebro (considerado a sede da alma e centro do intelecto) e, quando necessário, seria conduzido pelos nervos até aos locais de percepção e acção voluntária, nomeadamente muscular. Deste modo, o músculo seria, pelo movimento voluntário, um instrumento do cérebro (Goss,1968,1-3), enquanto este órgão representaria o princípio dos nervos, das sensações e dos movimentos voluntários (Galien,1994,I:207-9, 302-3;Cooke, 1820, 8-11; Daremberg,1854,264).

Para Galeno - como terá sido para Alcméon com os "canais" que estariam ligados ao cérebro - alguns dos nervos seriam tubos ocos ou com lúmen invisível (Galen, 1968,I:48,61; Cooke,1820,12). Galeno ainda postulou a existência de dois tipos de nervos, os moles (para as sensações) e os duros (para as restantes funções), que derivariam de partes distintas do encéfalo e seguiriam vias próprias (Galien,1994,I:175-7;Galen,1956,183; Daremberg, 1854, 539-40). Todavia, ficou por esclarecer em que consistiam os *espíritos animais* que mediavam os movimentos musculares e as sensações, assim como o modo de actuação. Estes dois assuntos começaram a ser abordados por Descartes, cerca de milénio e meio mais tarde.

Vesálio, um seguidor dos postulados de Galeno sobre o sistema nervoso, procurou demonstrar, experimentalmente, algumas das conclusões de Galeno. Aceitou o cérebro como a sede da "alma racional"; o *espírito animal* seria veiculado até aos órgãos dos sentidos e músculos pelos nervos; estes funcionariam como tubos conectores semelhantes a artérias e veias; observou, contudo, que os nervos, que também classificou em moles e duros, teriam origem e disposição diferentes, não eram ocos; pelo contrário, apresentavam estrutura interior em três camadas, em que a mais interna (que comparou à "medula das árvores") emanaria (atendendo à semelhança) da substância cerebral, enquanto as duas restantes lhe serviam de revestimento (Vesalius, Fabric,2002, IV:160-4; Cooke,1820,15-6).

(c) A intervenção de *espíritos* na fisiologia humana, em geral, e como mediadores da acção do sistema nervoso no controlo da actividade muscular, em particular, começou a ser posta em dúvida por William Harvey, embora continuasse a ser invocada até finais do século XVIII.

Ao analisar a circulação sanguínea, Harvey declarou-se incapaz de detectar *espíritos* no sangue mas, supondo que existissem, estariam nas artérias e nas veias, ou seja, o sangue seria idêntico em qualquer dos compartimentos em que circulasse (Harvey,2016,9).Esta aparente exclusão de diferenças "vitais" entre o sangue arterial e o venoso parecia contrariar uma anterior observação de Galeno que, ao constatar diferenças de coloração entre artérias e veias e no sangue que transportavam, as atribuiu a uma proporção relativa de humores, com ilações potenciais na saúde e doenças dos portadores (Coxe,1846,382; Daremberg, 1854, 321,411).

A teoria dos *espíritos vitais* e *animais* ainda fundamentou, durante o Renascimento e no período do Iluminismo, diversas investigações anátomo-fisiológicas, quer no âmbito da circulação sanguínea, quer do sistema nervoso e da motilidade muscular (Barbara,2011,4-8).

Descartes, alguns anos depois da publicação do *"De Motu Cordis"*, também adoptou a teoria dos *espíritos animais* na interpretação mecanicista do corpo humano e de outros animais, na tentativa de relacionar a alma com o corpo através do sistema nervoso. Descartes comparava os *espíritos animais* a partículas sanguíneas voláteis e com grande rapidez de deslocação, resultantes do aquecimento prévio do sangue no coração (Descartes, 2003,19-20,28).

Depois de atravessarem a parede das artérias cerebrais, os *espíritos* acumular-se-iam na glândula pineal (postulada como o local de actividade da alma, actividade psíquica, senso comum e controlo do fluxo dos *espíritos animais* no cérebro) (Descartes,2003, 21,36,86). Antes de penetrarem nas cavidades do cérebro, os *espíritos* passavam para a substância cerebral e, desta, para os nervos (descritos como tubos ocos, com um feixe de fibrilhas longitudinais) (Descartes,2003, 21,22, 24-8).

Os *espíritos animais* seriam transportados através dos nervos (cujas partes centrais abriam nas cavidades do cérebro, enquanto as periféricas terminavam nos músculos e na pele) para impregnarem as regiões do corpo onde a "máquina" accionaria os movimentos musculares voluntários (dependentes da alma), involuntários (ou "automáticos") e as sensações (Descartes,2003,24-8,33-8,84-5. Quer as funções sensoriais, quer as motoras, seriam executadas somente por um mesmo tipo de nervo, não por nervos independentes (Descartes, 2003,23). Ou seja, os nervos teriam de estar conectados aos músculos para que estes se movimentassem.

Os músculos teriam cavidades e um sistema complexo de válvulas minúsculas (ou poros) que, ao regularem a circulação interna dos *espíritos* numa determinada direcção, definiam o tipo de movimento accionado (contracção ou relaxamento). A selecção entre estes movimentos (em que a contracção de uns músculos era contrariada pelos respectivos antagonistas) dependeria de finíssimos filamentos existentes no interior dos nervos; estes, ao accionarem aquelas válvulas, controlavam o fluxo dos *espíritos animais* para os músculos ou, também, para os órgãos sensoriais (Descartes, 2003,22-5, 27-8, 33-4,37-8).

Os movimentos voluntários envolveriam a glândula pineal e o seu controlo sobre o fluxo dos *espíritos animais* num sistema de válvulas e túbulos, até aos músculos; no seu interior, os nervos ramificar-se- iam nas membranas internas que, ao receberem os *espíritos animais*, insuflavam, provocando a contracção muscular; assim que os *espíritos animais* saíam para o exterior (através do invólucro muscular e da pele), as membranas esvaziavam-se e os músculos alongavam-se (período de relaxamento) (Descartes,2003,25-7,29,31-3).

Os movimentos involuntários seriam desencadeados por sensações periféricas; estas (p. ex., queimadura numa mão), ao estimularem os filamentos nervosos, induziriam o repuxamento das partes do cérebro donde provinham, as quais abriam determinados "válvulas" nos ventrículos para a que os *espíritos animais* fluíssem imediatamente através dos nervos para os músculos locais, induzindo-lhes contracções involuntárias; naquele exemplo, a contracção muscular provocaria o afastamento imediato da mão das proximidades do fogo (Descartes,2003,33-35,37-8, 99-104). Esta hipótese creditou Descartes com a primeira descrição de "arco reflexo", juntamente com a primeira interpretação mecanicista da fisiologia humana e das bases do comportamento biológico.

Descartes nunca publicou as observações e teorias (revolucionárias para a época) que concluíra em 1633, alarmado pela condenação que a Inquisição impusera a Galileu naquele ano, pelo que a sua obra, *"De Homine"*, foi editada somente depois de falecer (Donaldson, 2009,375).

O modelo que Descartes havia criado, ainda que baseado na lógica do método científico, desabaria alguns anos depois, por uma sucessão de acontecimentos. Primeiro, Antoine Leeuwenhoek, em carta enviada à Royal Society em 1675, descreveu a natureza filamentosa do nervo óptico que observara ao microscópio, excluindo, de vez, a ideia de os nervos serem ocos (Leeuwenhoek,1675,378-80). Segundo, o conceito corpo-alma, centrado na glândula pineal, não obteve apoios, em parte por esta glândula estar menos desenvolvida nos humanos do que em animais irracionais, como fora comprovado por Vesalius (Vesalius, 2009,VII:204).Terceiro, a teoria da inflação muscular foi rejeitada por Jan Swammerdam[73] (Fournier,1990,10-1), embora continuasse a ser aceite durante os dois séculos imediatos; Swammerdam

---

[73] Jan Swammerdam (1637-1680). Médico, biólogo e microscopista Holandês. Exerceu medicina como meio de financiamento dos seus trabalhos de investigação, sobretudo entomologia e anatomia. Neste capítulo, deu contributo fundamental à inter-relação funcional nervo-músculo.

também demonstrou que a contracção não aumentava o volume muscular, ao contrário do sugerido por Descartes (Cobb,2002,398).

Utilizando um modelo experimental inovador para o estudo funcional dos nervos em músculos de rãs e cães, Swammerdam revelou que a contracção muscular dependia da estimulação nervosa e não do sistema circulatório ou de *espíritos animais*, podendo ocorrer sem que houvesse conexão entre músculo e cérebro (Swammerdam1758,122-32). Estas experiências abriram caminho ao conceito de o comportamento depender de estímulos (designados como *"irritação"* por Swammerdam) que, precedendo a descoberta da "electricidade animal", fundamentavam a neurofisiologia (Cobb,2002,307).

Swammerdam não propôs qualquer alternativa concreta aos *espíritos*, embora a antecipasse como algo virtualmente instantâneo e subsequente a um estímulo, exemplificado com a contracção ou expansão da pupila do olho por acção dos respectivos músculos, na presença ou ausência da luz ou de partículas irritantes (Swammerdam,1758, 48,131).

A presunção de a contracção muscular consistir numa resposta a um estímulo nervoso recorda a extraordinária perspicácia de Galeno, que admitira a possibilidade de os nervos, além de transportarem o *espírito animal*, "propagarem o poder nervoso" sob a forma de um impulso que lhes seria induzido (Galen,1956,182; Goss,1968,2-4; Cooke,1820, 12).

Por esta época, a comparação dos nervos a tubos ocos, assim como o conceito de a contracção muscular ser produzida por *espíritos* ou por outra "matéria subtil" proveniente do cérebro, pareciam ter sido assuntos arquivados. Porém, nada disso aconteceu. Ainda que Malpighi tivesse considerado o nervo óptico constituído por minúsculos filamentos, não deixou de considerar os nervos, em geral, como tubos parcialmente ocos (Malpighi, 1666, 491-2).

A ideia de os nervos serem tubos ocos persistiu até Leeuwenhoek e outros microscopistas a revelarem como errada, entre finais do XVII e meados do XVIII (Leewenhoek,1675,378; Smith,2010,108 Smith,2012,32). Porém, quer o conceito dos nervos serem tubos ocos, quer a origem e o significado dos *espíritos animais*, continuaram a ser mencionados em trabalhos posteriores (Glynn,1999,353; Smith,2012,32; Barbara, 2011, 4-8).

(d) As observações de Swammerdam decorreram quase na mesma década das que foram desenvolvidas por Francis

Glisson, William Croone[74] e Thomas Willis. Glisson foi um poderoso apoiante da teoria da circulação de sangue apresentada pelo seu mentor e amigo William Harvey, pelo que, como, natural oponente das ideias mecanicistas do Cartesianismo (Koehler,2007,225), defendia que toda a matéria estava de certo modo, viva e capaz de se movimentar (French,1978,720-1;Giglioni,2008,465-6). A exclusão do fígado como origem do sistema venoso no modelo de Harvey terá, em parte, motivado Glisson a esclarecer a sua verdadeira função. Entre outros resultados, verificou que a vesicula e o canal biliar eram activados por um estímulo que associou ao conceito de *"irritabilidade"* (Smith,2012,128). Na continuidade, admitiu que a *"irritabilidade"* (em substituição do *espírito animal*) seria uma propriedade biológica inerente a todas as fibras corporais, independente da consciência, ou seja, a contrapartida fisiológica de uma "percepção natural" (Temkin,1977,291; Giglioni,2008,465). Desprovidas daquela qualidade, as fibras permaneceriam em repouso constante ou em movimento inalterado. Portanto, a

---

[74] William Croone (1633-1684). Médico Inglês (por nomeação régia). Formado em Letras, foi professor de retórica no Gresham College, em Londres, promotor e primeiro secretário da Royal Society, na qual continuou como membro activo durante toda a sua vida. Apesar de não ter formação médica foi designado em 1662, por mandato real, doutor em medicina pela Universidade de Cambridge, nomeado leitor de anatomia de músculos da Companhia dos Cirurgiões em 1670, *fellow* do Colégio dos Médicos em 1675. Croone foi um clínico prestigiado em Londres e desenvolveu trabalhos experimentais, sobretudo em contracção muscular e embriologia. Publicou um tratado sobre músculos (*"De Ratione Motus Musculorum"*), entre outros trabalhos de natureza biológica, fisiológica e física. Em sua homenagem, a *Royal Society* promove anualmente a *"Croonian Lecture"*.

activação das fibras, pressupunha a intervenção sequencial de três fases no processo de *"irritabilidade"*: a *"percepção natural"* (*perceptio*) do estímulo (*"irritação"*), a activação para um objectivo desejado (*appetitus*) e o movimento (*motus*) adequado para a finalidade (Haigh,1984,49).

Tomando como exemplo o coração, a percepção do estímulo representado pela acumulação de sangue nas aurículas, induziria a contracção das fibras cardíacas, tendo por finalidade a expulsão sanguínea para o exterior (Steinke, 2005,24). Paradoxalmente, Glisson associou este fenómeno inconsciente e involuntário à intervenção de nervos, embora sem esclarecer o respectivo processo de activação (Temkin, 1977,295-6; Henry,1987,17-8).

Croone e Willis publicaram as suas propostas sobre o mecanismo de funcionamento muscular no mesmo ano, em 1664. Croone foi um dos primeiros da sua época a interessar-se pela contracção muscular e a interpretá-la em termos de mecânica e química. Fundamentando-se em concepções fisiológicas de Erasístrato e Galeno, não deixou de lhes apontar algumas inconsistências através de uma sequência de experiências encadeadas (Croone,2000,61,65). Assim, concebeu que a contracção muscular (que designava por "expansão") seria mediada "por qualquer coisa" que passava do cérebro para os músculos através dos nervos; estes seriam constituídos por uma substância medular com uma infinidade de pequenos filamentos que, envolvidos por duas membranas, se estendiam desde a origem até às extremidades mais finas (Croone, 2000, 69).

O hipotético intermediário (referido como *"sumo espirituoso muito rico"* destilado do sangue, o axoplasma dos nervos, ou o vapor do axoplasma, ou, ainda, o *espírito animal*) em permanente circuito por todos os nervos, participaria em todas as sensações e movimentos (Croone,2000,73); nos movimentos, aquele intermediário perfundiria a substância medular de cada nervo até aos seus ramos periféricos, dos quais seria extraído pelos movimentos violentos das fibras musculares (Croone,2000,69,101).

A contracção muscular resultaria da interacção do *"sumo"* transportado pelos nervos com os *espíritos* presentes do sangue do músculo, do que resultaria uma *"grande agitação entre todas as partículas espirituosas presentes..."* (Croone,2000,101). Esta descrição sugeria, aparentemente e pela primeira vez, a participação de uma reacção química no mecanismo contráctil (Wilson,1961,164,169-170), tal como veio a ser confirmado e desenvolvido na complexidade que hoje se lhe reconhece (Szent-Gyorgyi,2004,639).

Ao constatar que os músculos desenervados se atrofiavam, Croone entendeu que o *"sumo espirituoso"* também possuiria propriedades nutritivas (Smith,2012,131). Nas sensações, a contínua perfusão do *"sumo espirituoso"* manteria todas as membranas sensitivas, incluindo as dos músculos e nervos, sob tensão. Devido a esta particularidade, as sensações chegariam ao cérebro por *"vibrações"* ao longo dos nervos sensoriais que, por estarem tensos, como as cordas de um instrumento musical, permitiriam a propagação do impulso nervoso (Croone2000,75).

Willis[75] continuou a aceitar o conceito de o cérebro ser um órgão que formava *espíritos animais* e os excretava "pelos nervos (O'Connor2003,141-3), inicialmente proposto por Galeno (Galien,1994,I:207-9) e recuperado por Descartes (Descartes,2003,20-3). Em conformidade, Willis interpretou a contracção muscular como o resultado da inflação das

---

[75] Thomas Willis (1621-1675). Médico, anatomista, fisiologista e iatroquímico Inglês. Professor de filosofia natural na Universidade de Oxford e membro da "escola de iatroquímica. Organizou um laboratório para a investigação química, cujos resultados procurou relacionar com a anatomia, fisiologia a neuropatologia. Entre os seus jovens colaboradores incluíram-se alguns dos mais distintos continuadores da iatroquímica, física e biologia da época, como Robert Hooke, Richard Lower e Robert Boyle. Willis distinguiu-se particularmente no estudo do sistema nervoso central e da circulação do sangue, sobre os quais escreveu diversos tratados, nomeadamente *"Cerebri Anatome"* (1664), essencialmente dedicado ao cérebro e que constituiu a base do seu futuro trabalho em neurologia, sobre a natureza da alma; este texto continuou a ser usado durante os dois séculos seguintes. Três anos antes de falecer, publicou um notável tratado sobre psicologia fisiológica, *"De Anima Brutorum"* (1672). Entre outras descobertas, descreveu um complexo vascular na base do cérebro que ficou conhecido por "círculo de Willis".

respectivas fibras pelos *espíritos animais*; estes, no estado fluido, seriam transportados pelos nervos (comparados a estruturas tubulares ocas) do cérebro para os tendões, onde permaneceriam transitoriamente guardados até à chegada do estímulo, contráctil.

A partir deste ponto, o conceito Cartesiano foi inovado por Willis, ao sugerir que, na transição dos tendões para os músculos, os *espíritos animais* (com partículas salinas) reagiam quimicamente com elementos activos do sangue detentores de características nitrosulfurosas; esta reacção seria comparável a uma explosão de pólvora capaz de desencadear a contracção (Hierons,1964,687; Guerrini, 1993, 232). O relaxamento muscular ocorreria logo que os *espíritos animais* se "retirassem" para os tendões, enquanto os nervos e as outras partículas sanguíneas reparavam o desgaste das fibras (Mayow,1907, 229-33).

Além de pôr em causa o anterior postulado que Willis publicara em *"Cerebri Anatome"*, John Mayow[76] propôs, quatro anos depois, que a contracção muscular seria, em grande parte, devida a um componente fundamental para a vida, presente no ar inspirado. Esse componente teria a forma

---

[76] John Mayow (1641-1679). Médico, fisiologista e iatroquímico Inglês. Destacou-se pela investigação sobre a natureza do ar, respiração e implicações químicas no sangue, cujos resultados, editados em 1668, viriam a ser republicados e traduzidos nos principais idiomas Europeus da época.

de partículas subtis e activas, o *"espírito nitro-aéreo"*[77] (Mayow,1907,238,252-55,259,270). O ar seria mais elástico quando tinha *espírito nitro-aéreo* do que quando o perdia (Mayow,1907,67,71) e, neste caso, todos os movimentos musculares, incluindo os do coração, cessavam com a respiração (Mayow,1907,207-9).

Aquelas partículas seriam separadas do ar atmosférico pelos pulmões e, por estes, enviadas para o sangue (Mayow,1907,73-4,93-4), de seguida transportadas para o cérebro e, daí, distribuídas pelos nervos aos músculos, juntamente com outras de espécies diferentes, sobretudo *espíritos animais* (Mayow,1907,243-6). As diferenças de coloração entre o sangue arterial e o venoso resultariam de alterações químicas induzidas pelo ar atmosférico (Mayow,1907,102-4).

Porém, Mayow rejeitou conceitos que persistiam desde a Antiguidade, como os de Erasístrato e de Galeno, em que a respiração existiria para arrefecer o coração e regular o *calor inato* (Londinensis,1947,91,93; Furley,1984,29,63,179,181) ou agitar o sangue (Mayow1907,202-4). Embora para

---

[77] A designação "nitro-aéreo" derivou de o referido componente do ar fazer parte da constituição do nitrato de potássio (KNO_3), utilizado por Maylow nas suas experiências de combustão. Seria portanto aquele componente e não todo o ar, como Robert Boyle sugerira anteriormente, que suportavam as combustões, Esse componente era o oxigénio, identificado por Priestley e Lavoisier, no último quartel do século XVIII.

Mayow o *espírito nitro-aéreo* equivalesse ao *espírito animal*, não aceitava que este fosse o primeiro instrumento da "alma" pois não tinha aura divina, como era, então, entendida (Mayow,1907,252,259).

Quase na mesma data, Borelli[78], que fora aluno de Galileu, interpretava matematicamente o funcionamento dos músculos, porém sem abandonar o modelo postulado por Descartes para a "inflação muscular", nem a ideia de uma substância mediadora transportada pelos nervos desde o cérebro e até aos músculos (Foster,1901,74-5). Onde Swammerdam sugerira uma *"irritação"* nervosa como estímulo da contracção muscular, Borelli indicou uma "agitação" ou "oscilação", enquanto recusava a participação de corpúsculos nos movimentos musculares.

Para haver contracção muscular seriam exigíveis dois requisitos: um presente no músculo e outro que lhe era transportado; este componente seria um *"suco nervoso espirituoso"* (no fundo, transmutado do antigo *espírito*

---

[78] Giovanni Borelli (1608-1680). Iatrofísico, fisiologista e matemático Italiano. Professor de matemática nas Universidades de Pisa e Messina, antes de se refugiar de perseguições políticas junto da corte da ex-rainha Cristina da Suécia, então exilada em Roma. Nos seus trabalhos, baseava as hipóteses em dados de observação, o que viria a ser uma prática comum da investigação científica. Interessou-se, entre outros assuntos, pela astronomia, constituição do sangue (neste caso com recurso a observações microscópicas, incentivado pelo seu colega Marcello Malpighi, enquanto na universidade de Pisa) e, sobretudo, pela biomecânica animal, sobre a qual escreveu uma obra magistral, *"De Motu Animalium"*, publicada somente após a sua morte.

animal, em estado fluido) a ser encaminhado pelos nervos até aos músculos, para lhes induzir a inflação contráctil ou mediar sensações (Foster,1901,82). Borelli entendia que nos músculos deveria existir mais qualquer coisa de que resultasse, como numa reacção química, uma "fermentação" ou "ebulição" súbita do "suco" que, ao encher por completo o músculo, provocaria a respectiva inflação (Foster,1901,74-5; Smith, 2012,134-5). Relativamente à contracção cardíaca, Borelli comparava-a à acção de uma prensa de vinho ou de um pistão, e não pela contorção das fibras em espiral dos ventrículos (Foster, 1901,76-7).

No início do século XVIII, Ettmüller atribuía os movimentos voluntários aos *espíritos animais* transportados do cérebro pelos nervos, enquanto os que provinham do cerebelo induziam contracções involuntárias (Ettmüller, 1703,484). Apoiado no conceito "Hipocrático" de que o *pneuma* não deveria interromper a sua movimentação nos vasos corporais de modo a conservar o poder intrínseco (Harris,1973,41), Ettmüller admitia que a suspensão do movimento dos *espíritos animais* do cérebro ou do cerebelo poderia provocar apoplexia ou epilepsia, entre outras patologias (Ettmüller,1703,427-9,484-5,498-9).

Algumas décadas mais tarde, c. 1730, enquanto Boerhaave criticava Swammerdam por ter rejeitado a mediação dos *espíritos animais* na contracção muscular (Campenot, 2016,106-7), von Haller defendia que a função dos nervos resultava de uma *"irritação"*, embora sem concretizar uma explicação que não fosse a emanada do "supremo Criador" (von Haller,1801.195).

(e) A retomada utilização do termo *"irritação"* a partir do início do século XVII surgiu com o significado de uma resposta a determinados estímulos corporais. Cerca de um século depois, a *"irritabilidade"*, a par da *"sensibilidade"* (equivalente à "percepção" proposta por Glisson), obteriam, com von Haller, o estatuto de forças da vida (Haigh,1984,47-9).

No entanto, nem a *"irritabilidade"* nem termos derivados eram novidade naquela época, pois que já haviam sido utilizados por Galeno ao referir-se ao mecanismo de descarga de diversos órgãos, como a vesícula biliar, estômago, intestinos, bexiga, útero, ou outras partes do corpo. Por terem *"irritabilidade"*, estes órgãos esvaziar-se-iam, independentemente da vontade ou da consciência (Galen,1916,245,285,287,301,303;Temkin,1984,296). Um milénio e meio depois, a *"irritabilidade"* era usada como explicação de diversos tipos de fenómenos biológicos observados por Harvey, van Helmont[79] e Glisson.

Conforme o exposto, foi Glisson quem conferiu à *"irritabilidade"* e à *"sensibilidade"* as características de uma força biológica activa que se difundiria pelo organismo como propriedade inerente a todas as suas fibras; essa força, ou propriedade, seria independente da consciência ou do sistema nervoso, apresentando-se como a percepção natural e o acto primordial da vida (Temkin, 1964, 290; Haigh, 1984, 47, 48; Smith,2012,128). Enquanto, para Glisson, a *"irritabilidade"* e a *"sensibilidade"* eram propriedades estreitamente associadas, para von Haller, um século depois, diferiam entre si e estariam distribuídas em proporções diferentes pelos órgãos corporais; a *"irritabilidade"* seria sinónimo de movimento observável, enquanto a *"sensibilidade"* representaria uma sensação consciente (Haigh,1984,47).

Num dos seus tratados (*"De Rachitide"*), e a propósito dos factores influentes na distribuição do sangue pelas partes

---

[79] Jan Baptist van Helmont (1577/80-1664). Químico e médico Holandês, e famosos iatroquímico. Após alguns anos como clínico, dedicou-se inteiramente à química, na qual foi pioneiro da "química pneumática" pelos estudos que desenvolveu sobre o ar atmosférico. Deve-se-lhe a palavra "gás" e a identificação de gases diferentes no ar atmosférico. Posteriormente, interessou-se pelo estudo da digestão e pela função do calor interno; introduziu a hipótese inovadora de a digestão alimentar no estômago ser catalisada por um "fermento" de natureza química. Foi Autor de vários tratados sobre medicina, filosofia, misticismo e alquimia

periféricas do organismo, Glisson postulou que a *"irritação"* do coração e das artérias, subsequente ao aumento da resistência à distribuição do sangue arterial, elevava a pressão sanguínea (Glisson, 1651,88-9).

Um século depois, von Haller defendia que as fibras do coração possuíam uma espécie de "impaciência aos estímulos" (traduzível por *"irritabilidade"*), maior e mais duradoura do que em qualquer outra parte do organismo (von Haller,1801,44); enquanto a *"sensibilidade"* se associava, quase só, à consciência e aos nervos, a "i*rritabilidade"* seria uma propriedade das suas fibras musculares, uma *"vis insita"* (força intrínseca) independente do cérebro e da alma (von Haller,1801,195). Devido a esta propriedade, os movimentos "peculiares" do coração, automáticos e inconscientes, persistiam mesmo após o órgão ser extraído de um animal morto (von Haller, 1801,40).Todavia, o poder muscular (excluindo o coração) que derivava só da vontade ou da alma dependeria dos nervos (von Haller, 1801,195-6).

Von Haller ainda admitia a intervenção de um *"fluido nervoso"* que, por determinação "sobrenatural", actuaria como instrumento da contracção muscular e das sensações (von Haller,1801,90,181,195); esta acção adviria a par dos *espíritos nervosos* que aumentavam com o movimento do sangue pelo cérebro, em resposta a diversas causas, naturais ou patológicas (von Haller,1801,86-7,269).

De acordo com as especificidades de cada órgão, a *"irritabilidade"* do coração seria activada pelo seu estímulo específico, o sangue (von Haller,1801,40,44,52). É de realçar que DM seguiu a mesma tese na sua composição *(pp.24-6)*, numa época em que os médicos-filósofos se interessavam por esclarecer os movimentos dos órgãos. Em finais do século XVIII, enquanto uns, como von Haller admitiam que os movimentos do coração, respiração ou de outros órgãos eram comparáveis e activados por mecanismos de poder contínuo (nuns casos contráctil e em outros desconhecido) (von Haller,1801, 185-7,276,282-3), outros Autores, como Whytt, entendiam-nos sob o governo de uma energia superior (ou princípio unificador, ou alma consciente), capaz de produzir movimentos (Whytt, 1751,241-2,265-8,270-1).

Num extremo de absoluto materialismo, situavam-se os que, como La Mettrie[80], entendiam que todos os fenómenos da

---

[80] Julien Offray de La Mettrie (1709-1751).Médico e filósofo Francês. Foi médico da Guarda Francesa, posição que se viu forçado a abandonar após divulgar os seus primeiros escritos materialistas. Entre as obras publicadas, destacou-se *"L'Homme Machine"*, tido como desenvolvimento das teses de Descartes, embora se lhe opusesse na perspectiva dualista, substituindo-a por um monismo quase ateísta. Devido à rejeição com que era tido na sociedade de origem, procurou refúgio junto de Frederico o Grande, da Prússia, que o autorizou a praticar medicina e, também, o aceitou como leitor na corte. Nos

vida, incluindo os psíquicos e racionais, dependeriam somente da organização física do corpo (La Mettrie, 1865, 109-111,118,128-9). Dessarte, o funcionamento do coração, como parte de uma máquina humana, dever-se-ia à força motriz inata de cada uma das suas fibras entrelaçadas (La Mettrie,1865, 115-6,118). Na realidade, as conclusões de La Mettrie, algo iconoclastas, aproximavam-se das que Glisson e outros seus colegas contemporâneos haviam apresentado (Haigh,1984,57).

(f) Casualmente, em 1791, Luigi Galvani [81] descobriu a "electricidade animal" em pernas de rã sujeitas a descargas eléctricas. Perante este fenómeno, popularizado sob a designação de *"galvanismo"* [82] e reproductível em outros animais, Galvani propôs que a electricidade era parte essencial da função dos nervos; todavia, manteve-se fiel ao conceito em que a contracção muscular seria mediada por fluidos transportados pelos nervos (Whittaker,1910,67-71; Piccolino,1997,445-7).

---

seus anos terminais cultivou o hedonismo, difundido na sua última obra *"Discours sur le Bonheur"*.
[81] Luigi Galvani (1737-1798).Médico Italiano, também biólogo e filósofo. Foi professor de cirurgia e anatomia teórica na Universidade de Bolonha, membro da Academia de Ciências e pioneiro da electrofisiologia.
[82] O termo "galvanismo" persistiu sob duas interpretações actuais: enquanto para a biologia representa a contracção muscular por acção de uma corrente eléctrica, em física e química traduz uma corrente eléctrica induzida por uma reacção química entre duas substâncias com electronegatividade diferente.

Na controvérsia que se lhe seguiu, diferenciaram-se três grupos: os que apoiavam Galvani, os que não aceitavam que a contracção muscular fosse induzida por uma corrente eléctrica, e os que, além de rejeitarem a existência de electricidade animal, também não aceitavam que a contracção muscular estivesse associada a qualquer fluido transportado pelos nervos (Whittaker,1910,67-71). Este último grupo era liderado por Alessandro Volta[83] que, de apoiante inicial da teoria de Galvani, viria a ser um relevante adversário científico, ao demonstrar que, substituindo a perna de rã por um papel embebido em solução salina (electrólito) inserido entre dois polos de metais diferentes, era igualmente obtida uma corrente eléctrica; a polarização electrolítica entre os dois polos metálicos pressupunha uma reacção química (Volta;1793,29-30,41-4;Whitaker,1910,72-3).

A ideia suscitada por Galvani sobre a electricidade animal teve três principais continuadores: Du Bois-Reymond[84], recorrendo ao tipo de preparação nervo-músculo de rã que fora concebida por Swammerdam, e a um galvanómetro, observou (c. 1843) que havia um fluxo eléctrico naqueles

---

[83] Alessandro Volta (1745-1827).Físico e químico Italiano. Professor de física experimental na Universidade de Pavia, pioneiro da electroquímica, inventor da bateria eléctrica (vulgarmente conhecida por "pilha voltaica") e também creditado pela descoberta do metano. Em sua homenagem, o potencial eléctrico é simbolizado pelo "volt" como unidade do sistema internacional.

[84] Emil Du Bois-Reymond (1818-1896).Médico e fisiologista Alemão. Professor de fisiologia da Universidade e membro da Academia de Ciências de Berlim, de que foi secretário perpétuo. Fundador da electrofisiologia moderna.

tecidos (corrente de repouso); a aplicação de um estímulo na superfície electropositiva da membrana nervosa induzia, no local, uma redução do potencial (impulso) que se deslocava ao longo do nervo (corrente de acção) (Finkelstein,2003,341-2,344-5). Na mesma linha de observação, von Helmholtz[85] conseguiu medir (1849-52), com um miógrafo por si inventado, a intensidade do impulso nervoso indutor da contracção muscular, confirmando a inexistência de "forças vitais" na movimentação dos músculos, então paradigma da fisiologia Alemã (Piccolino,2013,276-7; Glynn, 2010,147-50). Por fim (c.1868), o discípulo de ambos, Julius Bernstein[86], ao quantificar a despolarização da membrana nervosa, definiu o potencial de acção como uma nova variável, utilizando um reótomo diferencial da sua autoria, conseguiu medir a velocidade do impulso bioelétrico (Seyfarth,2006,4-5).

---

[85] Hermann von Helmholtz (1821-1894).Médico, físico, matemático e filósofo Alemão. Professor de anatomia e fisiologia nas universidades de Bona (1855) e Heidelberg (1858), professor de física da Universidade de Berlim (desde 1871), e primeiro director do Instituto Físico-Técnico de Berlim. Pelos seus méritos foi elevado à nobreza, donde lhe adveio a partícula *von* no seu nome. Autor de tratados sobre os diversos assuntos que desenvolveu, nomeadamente em termodinâmica (descobriu o princípio da conservação de energia), magnetismo, metabolismo, dinâmica de fluidos, fisiologia dos sentidos (foi pioneiro sobre visão e audição; inventou o oftalmoscópio, o oftalmómetro e o ressonador) e filosofia da ciência.

[86] Julius Bernstein (1839-1917). Médico e fisiologista Alemão. Professor de fisiologia na Universidade de Halle. Interessou-se, particularmente, por biofísica e neurobiologia, sendo reconhecido pelas noções sobre potencial de acção e de repouso das membranas de nervos e células excitáveis, e como autor de vários tratados sobre os referidos assuntos.

A continuação destes estudos (e outros a que deram origem em campos complementares) contribuiu para a rejeição do conceito ancestral dos *espíritos animais*, substituídos por interpretações baseadas em fenómenos físico-químicos.

As pesquisas sobre a existência de propriedades eléctricas em células e tecidos dos organismos vivos ganharam particular interesse entre o meio científico, em particular desde o início do século XIX (Morus,1998,7-8). Daqui sobreveio uma constante expansão de conhecimentos, sobretudo no campo da bioquímica, electrofisiologia e electromagnetismo, com impacto no actual desenvolvimento de meios tecnológicos de diagnóstico e tratamento em patologia humana, nomeadamente nos dois órgãos que, desde a Antiguidade disputaram a primazia da gestão corporal, como são o coração e o cérebro (Helmreich,2013,S139-41).

No termo de um longo percurso conceptual, a actividade das fibras do miocárdio que Vesálio atribuía a forças sobrenaturais (Vesalius,2009,VI:74) e, nos séculos XVII e XVIII, os anatomofisiologistas, como Glisson e von Haller associavam à *"irritabilidade"*, é atribuída, actualmente, a um sistema de células especializadas do coração com propriedades geradoras e condutoras de impulsos eléctricos espontâneos, de que resultam, em condições normais, ciclos cardíacos rítmicos e constantes até ao fim da vida. Este sistema inclui o nódulo sino-auricular (marcador de ritmo), nódulo auriculoventricular, feixe condutor His-Purkinje e os ventrículos, onde se associam diversos tipos de canais, bombas e permutadores iónicos que actuam na despolarização e repolarização das fibras musculares (Keith,1907,183-8; Sanchez-Quintana,2003, 1086-7).

(g) DM, ao afirmar que *"o sangue não pode dilatar as aurículas e os ventrículos sem causar neles uma irritação que faça acudir o fluido nervoso com maior abundância e excitar, por consequência, a contracção das fibras musculosas...mecanismo que se deve à maior afluência de espíritos animais"* (*p.25*), confundiu a causa com a consequência, além de não dispensar a intervenção de um intermediário equivalente aos *espíritos animais*.

Sucede que as fibras cardíacas, ao serem *"irritadas"* pelo influxo sanguíneo, respondem com uma contracção sistólica, de acordo com as conclusões de von Haller (von Haller,1801,40,44,52), de certo modo semelhantes às de Glisson, para a contracção cardíaca e para a pulsação (Glisson,1651,84,86,88-90;Temkin,1977,294). Ou seja, o sangue actuaria como estímulo irritante, enquanto as paredes internas do coração seriam as partes irritáveis, cuja resposta expressaria a elasticidade mecânica intrínseca das respectivas fibras. Em 1824 ainda eram atribuídas propriedades irritáveis e elásticas às camadas constituintes de artérias e veias (Williams,1824,278).

O estímulo irritante é, actualmente, interpretado como o efeito da pressão e tensão de cisalhamento do fluxo sanguíneo nas paredes cardíacas e arteriais (Secomb, 2015, 18-9,22; Liu,2011,864-6). Isso não significa, porém, que seja o influxo de sangue nas câmaras cardíacas o dinamizador da própria dinâmica, embora exerça alguma acção acessória.

A actividade contráctil já é detectável no esboço embrionário do coração dos vertebrados, que começa a bater, espontaneamente, entre o primeiro e o segundo dia após a fertilização (Majkut,2013,2436); esta propriedade justifica que o coração embrionário humano (somente um tubo ligado ao sistema circulatório) seja, desde a 3ª semana de vida, o primeiro órgão funcional do corpo (Boullin;2005,874; Weisbrod,2016,82). Entretanto, no século V aC, Empédocles já antecipara que o coração era o primeiro de todos os órgãos a ser formado (Harris,1973,18).

O automatismo oscilatório lento que caracteriza o batimento cardíaco humano é detectável, por electrocardiografia, sob a forma de ondas sinusoidais, cerca do 21º dia de embriogénese; ao 24º dia, quando já são visualizáveis diversas das secções cardíacas expandidas (nomeadamente:

sinoatrial, atrioventricular, bulboventricular e bulbotruncal), aquele registo assemelha-se ao de um coração "maduro" (Wenink, 1976,619-25; Gourdie,2003, 468;Weinsbrod,2016, 82-3).

Estes resultados indicam que o sistema condutor do impulso eléctrico é formado antes da diferenciação morfogénica estar concluída (Boullin,2005,874). Ainda que todos os cardiomiócitos tenham actividade rítmica espontânea nos estados embrionários iniciais, somente uma parte menor a mantém, impondo-se à maioria que se diferencia em células com comportamento elástico e contráctil (Christoffels,2010, 242;Weisborg,2016, 82).

A imposição de um marcador rítmico único ("*pacemaker*") determina um sentido, também único, para o fluxo sanguíneo intracardíaco, do polo venoso para o arterial (Weisbord, 2016,82-3). A actividade de "*pacemaker*" é já observável em embriões de galinha com idade equivalente ao 20º dia dos embriões humanos (Hirota,1979,256).

Nas etapas iniciais do desenvolvimento embrionário, a hemodinâmica induz alterações que transformam um simples e milimétrico tubo num complexo morfológico com diversas câmaras (Goenezen,2012,1187-9), a par de um acentuado aumento da pressão arterial, frequência e relação volume sistólico/ciclo cardíaco (Hu,1989,1666-7). Sem excluir a provável hipótese de as modificações cardiogénicas serem, em parte, pré-programadas (DeGroff,2003,376), sabe-se que o desenvolvimento do coração é deficiente na ausência de fluxo sanguíneo ou evidencia malformações potencialmente patogénicas se a hemodinâmica for irregular (Sedmera,1999, 257; Hove, 2006,7).

Foi possível estabelecer a relação entre o desenvolvimento cardíaco embrionário e o valor e localização da tensão de cisalhamento de parede (Poelma,2010,97-8; Liu,2011,863-5). Esta dependência reflectiria o efeito de mecanismos de mecanotransdução operativos no endotélio cardiovascular, com repercussões físicas, químicas e genéticas nas paredes cardíacas e vasculares (Haack, 2014, 378-82;Jones, 2011, 1031-2).

Concluindo, tudo indica que a contractilidade do coração depende da estimulação eléctrica intrínseca e da elasticidade e capacidade contráctil das suas fibras musculares, enquanto o desenvolvimento do órgão é influenciado pelas condições hemodinâmicas. Os mecanismos específicos das referidas inter-relações ainda aguardam por melhor clarificação.

4.5-Demonstração do modelo da circulação sanguínea

Segundo DM, os Antigos possuíam uma ideia confusa sobre a

circulação, apesar de Erasístrato e, depois, Galeno terem já descrito as válvulas "*que estão na entrada dos ventrículos do coração e das artérias aorta e pulmonar. Este descobrimento da circulação se atribui comumente a Harveo, pois ainda que muitos Autores tivessem falado antes deste médico Inglês, ele sem dúvida foi o primeiro que a publicou e aclarou*" (*p.33*). A propósito, em nota de rodapé, DM (ou Brandão) citou alguns do que haviam escrito sobre a circulação, nomeadamente Serveto[87], Colombo, Cesalpino[88] e Varolio[89], ainda que obtendo "*indicações imperfeitas que não tiram a Harveo a glória de ser o primeiro que aperfeiçoou este descobrimento em 1628*" (*p.33*).

---

[87] Miguel Serveto (1509 ou 1511-1553).Teólogo, geógrafo e polímato Espanhol, naturalizado Francês. Iniciou os estudos médicos somente em 1536, em Paris, onde foi condiscípulo de Ambroise Paré e André Vesálio, mas não terá concluído a licenciatura embora haja registo de que praticou a profissão. Foi o primeiro Europeu a descrever a circulação pulmonar no tratado "*Christianismi Restitutio*" (Restauração da Cristandade), publicado anonimamente, no qual Serveto também rejeitava os dogmas da divindade de Cristo e da Trindade. Acusado de heresia por Católicos e Protestantes, depois de denunciado como autor da obra, foi condenado a morrer na fogueira, em Genebra, por ordem de Calvino. Todas as cópias encontradas foram igualmente queimados, tendo sobrado somente três (duas das quais completas), actualmente depositadas na Biblioteca Nacional (Paris), na Biblioteca da Universidade de Edimburgo e na Biblioteca Nacional da Áustria (Viena).

[88] Andrea Cesalpino (1519-1603).Médico, filósofo e botânico Italiano. Aluno de Realdo Colombo em Pisa, viria a ser professor nas Universidades de Pisa e Roma, director do jardim botânico de Pisa e médico do Papa Clemente VIII. Terá sido primeiro a utilizar o termo *circulatio sanguinis*.

[89] Constanzo Varolio (1543-1575). Anatomista Italiano. Médico do Papa Gregório XIII e professor de anatomia e fisiologia na Universidade de Bolonha e, talvez também, na de Roma. Desconhecedor da circulação sanguínea, aderiu à antiga ideia de que o sangue fluía nas veias enquanto nas artérias circulavam *espíritos*.

Sem se alongar mais nas provas da existência da circulação, *"de que já ninguém duvida"(p.34)*, DM abordou a localização das válvulas cardíacas e venosas e a respectiva acção: as duas que se situam à entrada das duas artérias (pulmonar e aorta) abrem para fora, enquanto "as *das veias para a parte de dentro, seguindo-se desta fábrica que na sístole o sangue sai o sangue só pelas artérias, e na diástole entra o sangue pelas veias sem que o das artérias torne para trás"* (*p.34*). As outras válvulas que *"estão de certos em certos espaços nas veias para ajudar a ida do sangue para o coração e para impedir que ele corra para trás, confirmam também a circulação como é visível e claro (p.35)"*.

Em nota de rodapé, os Principiantes foram aconselhados a ler dois tratados sobre o assunto, enquanto no texto era referido que, uma publicação da *Académie des Sciences (presumivelmente de Paris)*, de 1700, mencionara que se podia ver, distintamente, circular o sangue na perna de uma aranha... (*p.35*).

Comentário 18

(a) É de assinalar, por fim neste livro, a consagração positiva e sem reservas do modelo da circulação criado por Harvey, assim como as propostas apresentadas pelos seus principais antecessores, com a lamentável omissão de Ibn-al-Nafis[90], e a injustificada inclusão de Varolio nesta epopeia científica.

---

[90] Ala-al-din abu Al-Hassan Ali ibn Abi-Hazm al-Qarshi al-Dimashqi, mais conhecido por Ibn al-Nafis (c.1210 ou 1213-1288). Médico Árabe, natural de

A apropriada referência que o Autor faz à função das válvulas do sistema sublinha a importância que tiveram na lógica daquele modelo de circuito sanguíneo.

(b) Os caminhos para o modelo da circulação de Harvey começaram na remota Antiguidade. As primeiras referências a um circuito do sangue surgiram no tratado "*Huang Di Nei Jing*"[91], a Canon da Medicina Chinesa que a lenda atribuiu ao lendário imperador Amarelo, Huang-Di (c.2600 aC) (Lyons,1987,127). Transmitido oralmente talvez desde o século XIV aC, a primeira compilação escrita daquele tratado terá sido concretizada entre os séculos VIII e III aC (Hoizey,1988,187) ou entre o "Período dos Estados Combatentes" (475-221 aC) e a dinastia Han (206 aC-220 dC) (Yuqun,2010,23). É admissível que a obra tenha começado pela compilação de ideias, seguindo-se a transcrição em textos e terminando com a elaboração do corpo do livro ("*Nei Jing*"). Em todas as etapas terão

---

Damasco, onde estudou medicina. Médico-chefe do Hospital Al-Mansoury, no Cairo, clínico pessoal do sultão e um dos mais talentosos do seu tempo, que coincidiu com o período áureo dos hospitais Islâmicos na Síria e no Egipto, enquanto Bagdad era destruída pelos Mongóis (1258) e a medicina começava a declinar em Al-Andalus. Ensinou medicina e jurisprudência no Cairo. Calcula-se que tenha escrito mais de uma centena de volumes, a maioria sobre medicina (p.ex.," *Kitab al-Shamil*", livro da Arte Médica), além de outros textos sobre matérias que eram também do seu interesse, como a jurisprudência e a teologia.

[91] Primeiro, e o mais importante, trabalho escrito conhecido sobre a Medicina Tradicional Chinesa, foi reconhecido pela UNESCO, em 2010, como património da Humanidade.

participado muitos autores e ocorreram muitas modificações, pelo que a obra actual diferirá bastante do original compilado na época Han (Huang Di,2011,2-3).

A parte principal do tratado (*"Su-Wen"*) transcreve um diálogo, em que as perguntas do imperador sobre os mais diversos assuntos, incluindo questões médicas sobre a saúde e a doença, são respondidas pelos seus ministros ou médicos, como Qi Bo, Lei Gong e Bo Gao, (Lyons,1987,124; Yuqun, 2010,24). Na época da primeira versão escrita do tratado, quase contemporânea do *"Corpus Hippocraticum"*, começou a ser cultivada a ideia de a natureza e o universo serem regidos por leis e não por deuses, *espíritos* ou antepassados; entre as matérias abrangidas incluía-se uma nova compreensão do organismo humano e da medicina, consolidada por documentação e compilações adicionais (Huang Di,2011,10). O tratado original, eventualmente produzido durante a dinastia Han e depois sujeito a revisões, emendas e comentários de origem imprecisa por autores desconhecidos, teve a redacção final oficializada por decreto imperial, no século XI da era actual (Huang Di,2011,11; Hoizey,1988,27-8).

Pelo exposto, é natural haver dúvidas quanto à autoria e data de produção das afirmações sobre a circulação do sangue.

Entre outras frases alusivas que parecem indicar algum conhecimento do assunto, destacavam-se as seguintes:

- "O sangue e o qi^{92} fluem continuamente num círculo" (Huang Di,2011,135);
- "O coração regula todo o sangue do corpo" (Huang Di,2011,168);
- "Como o coração governa o sangue e os vasos, o coração enche-se e enche os vasos com sangue (Huang Di, 2011,178);
- "O coração correlaciona-se como o movimento dos vasos; o coração e os vasos formam um par" (Huang Di,2011,185);

Em complemento, refira-se a alusão à existência de *espíritos* específicos nos cinco "órgãos-depósito", em que se incluiria o coração (Huang Di,2011,151).Também o significado, aparentemente semelhante, entre o *qi* e *pneuma* é evidente na seguinte frase:
- "O pulmão governa o *qi*; o coração governa o sangue" (Huang Di, 2011,743).

---

[92] Conceito não científico. Traduzido, literalmente como "ar" ,"gás" ou "respiração", o que, de certo modo, corresponderia ao *pneuma* da Antiguidade Grega. Simboliza a força cósmica do universo, fluxo de energia da vida, energia material.

Porém, além destas e outras menções, o entendimento sobre a distribuição dos vasos é imaginativo, ao referir dois tipos para o transporte do sangue e do *qi,* o dos vasos principais (*jing mai*), que atravessariam o corpo na vertical, e os dispostos em rede, quase só na horizontal (*luo mai*) (Huang Di, 2011,15).O conteúdo dos vasos não seria movimentado pelo coração mas dependeria das forças opostas de *yin* e *yang* (Huang Di,2011,74,78,95-6). Portanto, o significado da circulação, o conhecimento quanto à sua distribuição sistémica e pulmonar, as características da função cardíaca e as implicações na pulsação não se revelam apoiados em factos concretos.

Os papiros Edwin-Smith e Ebers (o primeiro escrito c.3000 ou 1600 aC e o segundo c.1550 aC) revelaram que, para os Antigos Egípcios, o coração (que teria 22 canais), era o centro da distribuição do sangue e de sopros vitais para todo o corpo, por meio de vasos dirigidos aos membros; era também entendido como o centro de um sistema que conduzia os efeitos da doença e dos remédios a todo o corpo; porém, em lugar de o coração ser considerado como bomba impulsora, representaria uma espécie de poço, enquanto o sangue se afirmava como o suporte da vida (Bryan, 1930,124-5,130; - Breasted,1930,I:13,101,113). O coração alojaria a sabedoria, a inteligência, a consciência e o conhecimento, além de símbolo espiritual e religioso, como expressão do *Ka*, um dos *espíritos* do homem (Breasted, 1930,I:12; Rodbard, 1953, 118).

A função cardíaca era avaliada pelos movimentos do órgão (decerto conseguida pela colocação de uma mão na região precordial) e pela pulsação (com os dedos sobre artérias superficiais) (Breasted,1930,I:14,41,64-5,104), dez séculos antes de esta ser contada por Herófilo com uma clepsidra, em Alexandria, (von Staden, 1985,268). Ressalta também a ideia de a pulsação ser atribuída ao bombeamento do sangue pelo coração (Breasted,1930,I:13), o que Erasístrato reconheceu somente no século III aC, contrariando o dogma (então vigente na medicina Grega) de que a pulsação resultaria das próprias artérias (Harris,1973,181-2, 211; von Staden, 1989, 269-70).No entanto, além dos aspectos indicados, não há indicação de que a circulação sanguínea fosse conhecida pelos antigos médicos Egípcios (Breasted,1930,I:13). Ainda que as mumificações possibilitassem aos executantes e assistentes algum conhecimento anatómico, este seria insuficiente e inultrapassável face às restrições religiosas que impediam as dissecções anatómicas (Ziskind,2004, 369). Restaria, portanto, o que pudesse ser observado em humanos feridos ou por anatomia comparada, em animais.

Inicialmente, durante o embalsamamento, era usual extrair o coração junto com as restantes vísceras; o coração era substituído, no local, por uma pedra com a forma de um escaravelho, que teria o poder mágico de restaurar a vida do falecido (Rodbard,1953,918-9). A partir de c. 1700 aC, a importância dada ao coração foi transposta para a mitologia religiosa sob a forma de um amuleto funerário que evocava um escaravelho (conhecido por "escaravelho do coração"), em cuja base se incluía uma mensagem alusiva do Livro dos Mortos. O amuleto protegeria o portador (em geral o faraó) contra testemunhos negativos durante o seu julgamento pósmorte no tribunal de Osíris (Miniaci,2013,55).

É denotar que, no Antigo Egipto, já eram assinaladas sintomatologias patológicas, como a opressão cardíaca sugestiva de doença coronária, sinais de cianose e edemas atribuíveis a insuficiência cardíaca, sendo as disritmias entendidas como doença avançada, entre outas patologias não identificadas (Bryan,1930,127-9; Saba,2006,418-9).

No século VI aC, Sushruta[93], célebre médico da Ayurveda da Antiga Índia, atribuía ao coração (*"originado da essência do sangue e sítio especial da consciência"*) a circulação de fluidos vitais através de canais distribuídos pelo corpo (Sushruta Samhita,1911,138,149).

---

[93] Sushruta (c. 600 anos aC). Médico Indiano e aparente autor de um dos mais antigos tratados conhecidos, "*Sushruta Samhita*", compilado em sânscrito védico e base da medicina Ayurveda. O texto abrange todos os aspectos gerais da medicina (p.ex., angor, hipertensão, obesidade, diabetes) e das intervenções cirúrgicas em que se notabilizou (p.ex., rinoplastia, extracção de cataratas).

Todavia, o principal contributo para o conhecimento preliminar da circulação do sangue é, indubitavelmente, conferido à Antiga Grécia. Atendendo a que convicções rigorosas de moral e religião impediam a abertura dos corpos humanos para observação anatómica (von Staden,1992,225), o que se conhecia sobre a circulação sanguínea era escasso e impreciso, decerto baseado em feridas de guerra ou em dissecção animal. Por algumas das mais antigas descrições, não se poderá rejeitar que também proviessem de dissecções em humanos eventualmente iniciadas por Alcméon em Crotona (Harris,1973,89). Qualquer que tenha sido o processo, a generalidade das conclusões eram mais imaginativas do que reais, completadas por reflexões dedutivas ou meras suposições.

Desde o século IV aC, Praxágoras e as escolas Gregas de Cnido (na Asia Menor) e de Agrigento (no sul de Itália), tal como os Antigos Egípcios, concebiam o coração como a sede da inteligência, enquanto Pitágoras[94] e seguidores, de

---

[94] Pitágoras de Samos (c. 570-c. 495 aC).Filósofo e matemático Grego, da Jónia. Os pormenores da sua vida são confusos e, em grande parte, desconhecidos. Atribuem-se-lhe muitas descobertas científicas e matemáticas, além de outras em música, anatomia e medicina. Sabe-se que fundou, na colónia Grega de Crotona, no sul de Itália, uma espécie de irmandade filosófica e política, defensora dos valores religiosos e de uma vida ascética, a qual viria a ser extinta após perseguições nas cidades da Grande Grécia em que se havia implantado. Também viveu no Egipto durante cerca de duas décadas, onde foi aprisionado às ordens do rei Cambises da Pérsia e levado para Babilónia. Aqui, sob a

Crotona, lhe reservavam a alma ou *"princípio vital"* (Diogenes,1972,12,14,32; Harris,1973,4-6,114-5). Somente com Aristóteles, o coração, além de centro da consciência e fonte do movimento, foi considerado o principal órgão do corpo e a origem de todos os vasos (nos quais não distinguia as artérias das veias, excepto a aorta relativamente à veia cava). Baseando-se na dissecção de variadas espécies de animais, foi também o primeiro dos antigos cientistas Gregos a mencionar que o coração possuía mais de uma câmara (indicou três ventrículos no homem, mas sem lhes referir válvulas) (Aristotle,1961,180-1).

É de destacar que a primeira teoria fisiológica Grega foi estabelecida no século V aC por Empédocles, ao relacionar a respiração (pelas vias aéreas e transcutânea) com os movimentos perpétuos de fluxo e refluxo do sangue, ainda que sem os relacionar com o coração (Harris,1973,15,18). No mesmo século, Diógenes de Apolónia[95] terá sido o primeiro a descrever o sistema vascular (Harris, 1973, 20; Crivellato,2006;116-8).

---

orientação dos sacerdotes Zoroástricos, terá desenvolvido conhecimentos em vários campos, como em aritmética e música. Doze anos depois regressou a Samos, onde constituiu família. Não se lhe conhecem textos que o tenham sobrevivido.

[95] Diógenes de Apolónia (499 aC-428 aC).Filósofo Grego monista, para o qual o ar era a natureza do universo e a origem de todos os seres e substâncias, em que se incluíam o corpo e a alma. Dos seus escritos restam fragmentos, transcritos para outros textos, como na *"Historia Animalium"*, de Aristóteles

Aparte os primeiros estudos anatómicos de Alcméon e da escola de Crotona, as únicas observações fiáveis e resultados esclarecedores em quase um milénio da antiga ciência Grega, surgiram na primeira metade do século III aC, na escola que os Gregos haviam fundado em Alexandria, na costa mediterrânica do Egipto. Através das dissecções anatómicas sistemáticas iniciadas por Herófilo e Erasístrato (com o apoio expresso da monarquia Ptolemaica) em cadáveres humanos e, aparentemente também, em vivissecções de criminosos condenados, o conhecimento da anatomia registou grande expansão (von Staden,1989,187-94, von Staden,1992,231-2,4).Após a morte daqueles dois eminentes médicos, as dissecções foram virtualmente abandonadas, em grande parte devido ao surgimento da escola de pensamento "Empiricista" que abolia aquela prática, considerando-a obsoleta para o estudo da anatomia, enquanto privilegiava a experiência e as observações clínicas não invasivas (von Staden,1992,234-6).

É convicção comum que Erasístrato teria estado muito perto de descobrir o modelo da circulação do sangue se, entre outros factores menores, não se obstinasse em defender a ideia de as artérias e o coração esquerdo não conterem sangue, servindo somente para transportar o *pneuma* (Harris, 1973, 267). Erasístrato apercebeu-se da irreversibilidade do fluxo sanguíneo ao observar as válvulas cardíacas (von Staden,1975,182-4;von Staden,1989,178,241). Aceitando a definição das artérias e veias proposta por Herófilo, Erasístrato admitiu que o coração, ao funcionar como uma dupla bomba mecânica, movimentaria o *pneuma* a partir das artérias, enquanto o sangue era enviado pelo ventrículo direito para os pulmões e o resto do corpo (Harris,1973,210-3); tal como Empédocles (Harris,1973,18), continuou a comparar o movimento perpétuo do sangue ao de uma maré, com fluxo e refluxo. Para Erasístrato, o sangue, ao ser veiculado para os pulmões, destinar-se-ia, eventualmente, a ser consumido na respectiva nutrição (Harris,1973,197-8), e não por ter descoberto a pequena circulação (Dobson,1927, 828).

O modelo de Ersístrato persistiu até Galeno, no século II, estabelecer que as artérias, além do *pneuma*, também transportavam sangue (Galen, 1968,1:30, 48,238,256-7; Furley,1984,138-42, 145,147), afinal o que Diocles propusera seis séculos antes (Harris,1973,06,320). Contudo, Galeno não conseguiu delinear um modelo lógico para a circulação do sangue.

Tal como Erasístrato (von Staden,1989,174), Galeno indicou dois circuitos independentes da intervenção propulsora do coração, um pelas veias e outro pelas artérias, que estabeleciam contacto somente através de poros do septo interventricular (Galeno,1916,321). O circuito venoso pressupunha que o sangue, formado no fígado, seguia pelas veias para todo o corpo (Galen,1968,I:53-4; Daremberg, 1854,142,282,304-6), enquanto o circuito arterial se iniciaria no ventrículo esquerdo, à custa do sangue que passava do coração direito para o esquerdo pelas porosidades interventriculares (Galen, 1916,321,323). Note-se que Galeno, ao mencionar a passagem de sangue através de anastomoses entre as ramificações da artéria e da veia pulmonar, quando os pulmões colapsavam na expiração (Harris,1973,314), parecia ter descoberto a circulação pulmonar; no entanto, assinalou que o *pneuma* expelido das veias pulmonares acompanhava-se, somente, de partículas ou gotas de sangue, sem mencionar, com clareza, o respectivo trânsito para o ventrículo esquerdo (Wilson,1962,230; Cournand,1964,13). Por conseguinte, para Galeno o sangue venoso fornecia os alimentos, enquanto o *espírito vital* nutria os restantes órgãos com o *poder vital*. Estes e outros conceitos de Galeno sobre os diversos sistemas corporais constituíram a base da fisiologia humana durante os quinze séculos seguintes.

Somente a partir do século XII - após a Igreja ter suspendido o anátema contra as dissecções anatómicas, serem fundadas as primeiras universidades medievais e imposta a dissecção anatómica aos alunos que pretendessem exercer medicina e cirurgia – foi impulsionada uma era de desenvolvimento nos conhecimentos anatómicos e fisiológicos (Prioreschi, 2001,229,231). No início do Renascimento, o rigor fixado por Leonardo da Vinci e André Vesálio nas suas observações, ao anular erros e concepções anteriores, contribuiu largamente para um melhor entendimento da anatomia humana, abrindo caminho a novas ideias sobre a circulação do sangue.

O primeiro desses contributos surgiu no século XIII, sob a forma de manuscritos em que Ibn al-Nafis descreveu a circulação pulmonar, num comentário à anatomia que Avicena[96] apresentara no *"Canon Medicinae"* (*Qānūn fi't-Tibb*). Visto estar impedido de executar dissecções anatómicas, quer pela lei Islâmica quer por inerente compaixão, Ibn Nafis ter-se-ia baseado, como afirmou, em descrições dos órgãos internos e nas palavras dos antecessores que a haviam praticado, em particular Galeno (Meyerhof,1935,115,118;Haddad,1936,3).Porém, atendendo à precisão das suas conclusões, e apesar de o negar, não se excluiu a possibilidade de Ibn Nafis ter confirmado os dados

---

[96] Avicena, designação Latina de Ibn Sina ou, do seu nome completo, Abū ʿAlī al-Ḥusayn ibn ʿAbd Allāh ibn Al-Hasan ibn Ali ibn Sīnā (980-1037). Médico, filósofo e polímato Persa, dos mais representativos da Era de Ouro Islâmica. Autor de cerca de 450 obras escritas, com destaque para as enciclopédias *"Al-Qanun fi al-Tibb"* (*"Cânone da Medicina"*, livro de texto no mundo Islâmico e em muitas das universidades medievais, foi utilizado até ao século XVIII), e *"Kitab al-Shifa"* (*"Livro da Cura"*).Os ensinamentos de Avicena ainda eram invocados nas universidades Europeias até ao início do século XIX.

conhecidos através das suas próprias observações anatómicas em humanos e ou animais (Shehatha,2012,1).

No modelo proposto, Ibn al-Nafis adoptou pressupostos teóricos que remontavam à antiga medicina Grega, em geral, e a Galeno, em particular, nomeadamente a proveniência hepática do sangue, o "adelgaçamento" e "aquecimento" do sangue no ventrículo direito, a importância do *pneuma*, e a criação do *espírito vital* no ventrículo esquerdo. Todavia, foi o primeiro a contestar a descrição de Galeno sobre a existência de porosidades pelos quais o sangue passasse, directamente, do ventrículo direito para o esquerdo. Também corrigiu Avicena, que descrevera a existência de três ventrículos no coração (decerto inspirado nos trabalhos de Aristóteles), reservando para o sangue do ventrículo direito a função de nutrir aquele órgão (Meyerhof,1935,117; Haddad,1936,7).

Portanto, para Ibn Nafis (por eventual especulação científica ou observação durecta), não subsistiam dúvidas de que o sangue "fino" era transportado do ventrículo direito pela artéria pulmonar, para ser purificado pelo ar nos pulmões; seguidamente, este sangue "tratado" seria veiculado pela veia pulmonar até ao ventrículo esquerdo onde, ao misturar-se com o ar, ocorria a criação do referido *espírito*, antes de ser enviado para os restantes órgãos. Também predisse que, nos pulmões, existiriam pequenas comunicações ou poros entre as veias e as artérias pulmonares, antecedendo em quase quatro séculos a visualização dos capilares por Malpighi (Malpighi, 1671,2150;Young,1929,7-9). O sangue menos refinado que ficara retido na artéria pulmonar, e ou que fluíra para o tecido pulmonar por ser mais espesso, seria consumido na nutrição dos pulmões; o resto daquela mistura sem condições para a criação do *espírito* e a fracção de ar demasiado aquecido e sem utilidade, que haviam ficado retidos no ventrículo esquerdo, eram devolvidos aos pulmões pela veia pulmonar e expelidos pela expiração (Meyerhof,1935;116; Haddad, 1936,5-6)

A descoberta de Ibn al-Nafis sobre a circulação pulmonar foi reconhecida somente em 1924, quando um jovem médico Egípcio a revelou na sua tese de doutoramento sobre a medicina Árabe[97], baseando-se num manuscrito original que descobrira na Biblioteca do Estado da Prússia, em Berlim (Meyerhof,1935,102). Além de Ibn Nafis não ter voltado a mencionar a circulação pulmonar em mais nenhuma das suas obras posteriores, a descoberta foi ignorada pelos Autores Islâmicos, talvez por não estar conforme à ortodoxia vigente e, com uma excepção, não ter sido traduzida para Latim (Meyerhof,1935,118; Puyan, 2015, 204). Tal conjunto de

---

[97] Mohyi El-Din El-Tatawi, *"Der Lungenkreislauf nach El-*Koraschi".Inaug.-Diss. Freiburg i. Br., 1924, apresentada perante a Faculdade de Medicina de Freiburg)

circunstâncias justificaria o virtual desconhecimento daquela descoberta pela medicina Europeia durante cerca de seis séculos, pelo que a primazia pública foi, repetida e erradamente, conferida a Serveto (Meyerhof, 1935,118-20; Temkin,1940,284).

Em 1553, Miguel Serveto escreveu uma nota no final do seu livro de teologia, *"Christianismi Restitutio"*, em que afirmava que o sangue passava do ventrículo direito para o esquerdo através dos pulmões ou seja, o mesmo que Ibn Nafis postulara três séculos antes (Meyerhof, 1935,118). Embora a descrição do fluxo sanguíneo transpulmonar estivesse correcto, Serveto não entendeu a função dos pulmões. Para Serveto, a cor dourada-avermelhada do sangue (*flavo*) resultaria de se misturar com o *espírito* nos pulmões, e não no ventrículo esquerdo, como se pensava até à época (Servetus;1953,200,202,204-5;Wilson 1962,234; Cournand, 1964,22). Também existiam diferenças entre os esquemas de Ibn al-Nafis e o de Serveto. Enquanto Ibn Nafis excluíra a passagem do sangue através do septo interventricular (Meyerhof,1935,117), Serveto admitira a possibilidade de alguma transudação septal do sangue, sendo a maior parte transferida da artéria para a veia pulmonar através de passagens ou vasos intermediários pulmonares (Servetus, 1953,199); o calibre da artéria pulmonar seria muito superior ao que se supunha necessário para dar passagem à quantidade de sangue que satisfaria, somente, as exigências metabólicas dos pulmões (Servetus,1953,205;Wilson, 1962, 234; Cournand,1964,22). Estas discrepâncias são um ponto a favor da tese de que Serveto desconhecia a descoberta de Ibn Nafis (Meyerhof,1935,117-8; Temkin,1977,285).

Por outro lado, nem Serveto nem Ibn Nafis aderiam ao conceito do *espírito vital* (a ser enviado pelas artérias, do ventrículo esquerdo para todo o corpo) e ao movimento centrífugo do sangue nas veias (Meyerhof,1935,118). Acresce que Serveto, fiel seguidor de Galeno, admitia que o sangue, depois de formado no fígado, era transportado pelas veias como alimento para todo o corpo; adicionalmente, aceitava a existência dos três *espíritos* (animal, vital e natural, afins, respectivamente, às veias, artérias e nervos) (Servetus,1953,204) referidos por Galeno e pela escola pneumática Grega (Harris,1973,326,351,363; Coxe,1846,32; Temkin,1977,154-7).

O modelo da circulação pulmonar que Serveto descreveu não terá sido fruto de observação científica mas uma teoria baseada nas descrições de Galeno, em que procurou introduzir uma preocupação teológica pessoal (Servetus,1953,200; Gilder,1954,690). Depois de enviado pela veia pulmonar para o ventrículo esquerdo (onde se formaria o *espírito vital*), o sangue seguiria pela circulação arterial para todo o corpo, em particular para o cérebro, onde se localizaria a sede da "alma racional" (Servetus,1953, 202.6). No entanto, em defesa do seu objectivo doutrinário, era mais importante que a alma estivesse em movimento através do sangue do que fixada em qualquer órgão. Para Serveto, o *espírito divino* estaria no sangue, seria o sangue" (Servetus,1953,204), como símbolo da vida e em conformidade com o seu significado, no contexto da filosofia e da religião no século XVI (Santing,2012,415-6). Ao considerar a circulação pulmonar como uma explicação física para a "renovação" do sangue nos pulmões pelo *espírito divino*, recebido do ar inspirado, Serveto acabou condenado por heresia, pela Igreja (Servetus,1953,200,202).

A circulação pulmonar que André Vesálio descreveu em *"De Fabrica Humani Corporis* "assemelhava-se bastante à de Ibn Nafis. Por sinal, não se referiu à descrição que o seu antigo colega de Paris, Serveto, apresentara, não obstante o tratado ter sido publicado somente dois anos depois de este morrer na fogueira, em "auto de fé". Na edição de 1555 daquele tratado Vesálio corrigiu a posição inicial, afirmando, agora sem tergiversar, que o septo interventricular era impermeável à passagem de sangue, ainda que sem compreender como ocorria a passagem do sangue para o ventrículo esquerdo. Paradoxalmente, não se impediu de acrescentar que a principal função da artéria pulmonar consistia em transportar sangue com nutrientes para os pulmões, (Vesalius, 2009, VI: 81-2,97-8).

Realdo Colombo, assistente e sucessor de Vesálio no ensino de anatomia na Universidade de Pádua (somente por um ano, após que foi para a Universidade de Pisa), explicou no seu único tratado (" *De Re Anatomica*", publicado em 1559) o modelo da pequena circulação, muito semelhante ao descrito por Serveto e por Ibn Nafis[98] (Meyerhof,1935,120; Puyan, 2015,206). Ainda que vaidoso, adulador e ignorante em diversos aspectos como terá sido, entre outras reconhecidas falhas de carácter[99] (Foster, 1901,26-8), Colombo descreveu correctamente a pequena circulação, no que foi o modelo mais explícito que antecedeu o de Harvey, cerca de setenta anos depois. A clareza do texto de Colombo em "*De Re Anatomica*", com frases sucintas, explica que se tenha tornado uma obra influente e, quiçá, preferida ao "*De Humani Corporis Fabrica*", de Vesálio, igualmente acolhida com manifesto agrado por Harvey (Harvey,2016,42; Foster, 1901,27; Cournand,1964,26).

---

[98] A grande semelhança entre os textos não invalida a hipótese de o original de Ibn Nafis ter chegado ao conhecimento de Serveto e Colombo através de Andrea Alapago, tradutor de muitos textos médicos do Árabe para o Latim.

[99] Os resultados de Colombo, assim como as características negativas da sua personalidade, ficaram rodeados de alguma polémica. Estão descritos diversos exemplos de desonestidade científica de Colombo, como a tentativa de se apropriar, como sua, da descoberta do osso do estribo, na realidada atribuível a Giovanni Filippo Ingrassia, e ao seu aluno, Bartolomeu Eustáquio.

Ainda que não haja provas, foi aventado que Colombo conhecera o trabalho de Serveto quando leccionava na Universidade de Roma, ao ter acesso a uma das raras cópias enviadas para o Papa Paulo IV (Ball, 1910,119). De qualquer modo, além de não citar Serveto (Foster,1901,30-1; Whitteridge,1971,48), é injustificado atribuir-lhe a primazia da descoberta da circulação pulmonar, como o próprio reivindicou e alguns colegas sugeriram (Foster, 1901, 29-31; Mackall,1924, 35-6; Cournand, 1964,24).

Os estudos anatómicos de Colombo (Fig.7) basearam-se em dissecções de cadáveres humanos e vivissecções de animais (Ball,1910,119). Descreveu o fluxo de sangue dos pulmões para as veias pulmonares, assim como o afluxo e efluxo durante o ciclo cardíaco. Na diástole, devido à abertura das válvulas (pressupostamente, a mitral e tricúspide), o sangue seria "atraído" da veia cava para o ventrículo direito, enquanto afluía, em simultâneo, das veias pulmonares para o ventrículo esquerdo; na sístole, o encerramento daquelas válvulas impediriam o refluxo sanguíneo, enquanto se abriam as da aorta e da artéria pulmonar, dando passagem ao sangue "espirituoso" para a maior parte do corpo, e do sangue "natural" para os pulmões (Ball, 1910, 121). Ainda observou que a sístole e a diástole cardíacas coincidiam, nessa ordem, com a expansão e a contracção das artérias (Cournand,1964,24), o que, sendo a confirmação de uma observação prévia de Jean Fernel[100] (Fernel,2003,521), se opunha a uma prévia descrição de Galeno (Harris,1973,397).

Ao demonstrar que a válvula mitral encerrava completamente durante a sístole, Colombo não só justificou a impossibilidade de as pulsações serem transmitidas à veia pulmonar, como invalidou o mecanismo proposto por Galeno para a eliminação das hipotéticas impurezas formadas nos ventrículos cardíacos, resultante da acção do *"calor inato"* sobre o sangue venoso (Cournand,1964,14,24); neste mecanismo, e ao contrário do *"sangue espirituoso"* (arterial), as "fuligens" seguiriam na direcção inversa, do ventrículo esquerdo para as veias pulmonares, devido a uma hipotética "permeabilidade selectiva" da mitral (Harris,1973,335; Foster,1901,29). Também ao invés de Galeno, para Colombo (assim como Serveto e Ibn Nafis haviam referido) a mistura do sangue com o ar ocorreria nos pulmões e não no ventrículo esquerdo (Foster,1901,29). Todavia, Colombo partilhava, com Serveto e antecessores, o antigo conceito da

---

[100] Jean François Fernel (1497-1558). Médico Francês. Professor de medicina no Collège de Coenouailles e clínico da corte de Henrique II. Interessado pela matemática e astronomia, calculou a circunferência da Terra com um desvio de 1% do valor real. É-lhe atribuído o termo "fisiologia", como designação do estudo das funções corporais. Também lhe foi referida a seguinte frase: "a anatomia está para a fisiologia, assim como a geografia está para a história". Como clínico prestigiado, lutou pela substituição da magia, feitiçaria e astrologia, que infestavam a medicina da época, pela observação do doente. Foi autor de diversos livros sobre matemática, astronomia e medicina. Neste campo destacam-se " *De Naturali Pane Medicinae*" (1542), o primeiro contributo moderno da fisiologia, e "*Medicina*" (1554), em que se incluía "*Physiologiae*".

existência de *espíritos* no sangue arterializado (Ball,1910, 121) mas, agora de acordo com Galeno e, também, com Serveto, entendia que o sangue era formado no fígado, enquanto as veias, ao distribuírem-se por todo o corpo, exerciam funções nutricionais (Baiton,1931,371; Foster,1901,30) (Fig. 8).

Atendendo a que Colombo demorou cerca de catorze anos a completar a sua obra, um seu aluno, Juan Valverde[101], antecipou-se-lhe três anos, ao publicar em 1556, o tratado de anatomia *"Historia de la Composicion del Cuerpo Humano"* Valverde não só utilizou na sua obra, abusivamente, algumas observações de Colombo, como quase todas as suas utilizadas eram semelhantes às que Vesálio incluíra em *"De Humani Corporis Fabrica"* (Ball,1910, 128; Whitteridge, 1971,56-8). Ironicamente e à medida do carácter do seu mestre, além de reclamar a autoria dos resultados, Valverde não deixou de afirmar que "ninguém antes os tinha apresentado", em particular a impermeabilidade do septo interventricular cardíaco (Bainton,1931,372-3; Cournand, 1964,25).

---

[101] Juan Valverde de Amusco (c. 1525-?).Anatomista e médico Espanhol. Licenciado em humanidades, decidiu ir estudar medicina para Itália, devido a restrições no seu país às dissecções anatómicas. Foi aluno de Realdo Colombo, em Pádua, e de Bartolomeu Eustáquio, em Roma. Exerceu medicina em Roma. Autor de vários trabalhos de anatomia, com destaque para o tratado mencionado.

Colombo e Valverde deram lugar a um homem de cultura Aristotélica e interesses plurifacetados, Andrea Cesalpino, opositor sistemático de Galeno, mais teórico do que observador, mas também dado a controvérsias e algumas fantasias científicas (Foster,1901,31-2).

Figura 8.Modelo da circulação de Realdo Colombo. Aderia às ideias de Erasístrato e Galeno quanto à formação do sangue e veias pelo fígado. Admitia, também, que a maior parte do sangue era distribuído pelas veias por todo o corpo enquanto uma pequena fracção seguia para o lado direito do coração, donde, sem atravessar o septo interventricular, era ejectado pela ventrículo direito, através da artéria pulmonar, para os pulmões, de modo a ser oxigenado e, depois, completar a circulação pulmonar pelas veias pulmonares, até ao ventrículo esquerdo. Rejeitou a formação e retorno de vapores fuliginosos do ventrículo esquerdo para os pulmões. (Outros pormenores são descritos no texto).

Em 1571, Cesalpino descreveu a circulação pulmonar em "*Peripateticarum Quaestionum*", apreciada como uma publicação pouco original (Martin,1991,11). No seu entendimento, só uma pequena fracção da grande quantidade de sangue transportado para os pulmões era utilizada na nutrição daquele parênquima, pois que a principal função deste seria, na continuação de Aristóteles (Aristotle,1961,5), a de o arrefecer, cabendo ao coração aquecê-lo para o "aperfeiçoar" (Pagel,1967,173). Desta ideia terá resultado a utilização, inédita, do termo *circulatio sanguinis*, cuja interpretação gerou alguma controvérsia entre os que lhe conferiam o significado de movimento continuo em círculo (Prioreschi,2004,391) e os proponentes de outras soluções, como a de arrefecer o sangue proveniente do coração (Whitteridge,1971,66-7; Pagel, 1967,189). Note-se, porém, que Cesalpino não abandonou a ideia (errada, ainda que a tenha mencionado só uma vez) de que uma parte do sangue (talvez por a considerar mínima) atravessava o septo interventricular do lado direito para o esquerdo, sendo a outra parte veiculada pela circulação pulmonar para ser arrefecida (Prioreschi,2004,393; Pagel,1967,173).

Recorrendo a garrotes, Cesalpino foi o primeiro a demonstrar que o sangue fluía continuamente em todas as veias numa única direcção, a do coração, enquanto nas artérias, o sangue e os *espíritos* tinham uma orientação oposta, centrífuga. (Pagel,1967,169,171;Cournand,1964,25). Esta afirmação, que abriu caminho à compreensão da circulação periférica e foi reiterada por Cesalpino nos seus livros durante décadas, contrariava os postulados de Galeno, quanto à distribuição do sangue pelas veias e artérias. Todavia, assumia que nem todo o sangue venoso seguia para o coração, antes seria "atraído" pelas artérias através de anastomoses invisíveis (comparadas a *oscula*, ou pequenas bocas, entre as artérias e as veias) (Prioreschi,2004,384-6,393), presentes nos pulmões e dispersas pelo corpo, as quais já anteriormente haviam sido propostas por Erasístrato e Galeno (Harris,1973,196,282-3).

As artérias e as veias (estas indiferentemente designadas por *vasos*) ramificavam-se em ramos cada vez mais finos, respectivamente antes de entrarem ou ao saírem das vísceras, ou dando origem a "capilares" (*capillamenta*) com a espessura de cabelos (Prioreschi, 2004,393). A função dos capilares seria a de transferirem o sangue das artérias para as veias de modo a que este nunca estivesse fora dos vasos, excepto no coração; curiosamente, Cesalpino ainda adiantou que os capilares poderiam oferecer resistência ao fluxo sanguíneo, o que limitaria o bem-estar pessoal; ou seja, em termos actuais, parecia sugerir que o aumento da resistência periférica afectaria a pressão intravascular (Prioreschi, 2004, 385).

Ainda que a actividade dos ventrículos e das válvulas fosse importante para movimentar e direcionar o sangue pelo corpo (Cournand,1964,25), a distribuição dependeria dos *espíritos* (ou calor) que haviam sido gerados no coração pelo próprio sangue (Prioreschi,2004,385-6).

Fundamentando-se, aparentemente, no modelo Aristotélico, em que o movimento da matéria seria accionado pela evaporação do calor que voltava ao ponto de origem após arrefecer (Aristotle,1961,151,153), Cesalpino admitia que o sangue (impulsionado pelo calor) circulava em circuito fechado, iniciado e finalizado no coração, após ser transferido das artérias para as veias por intercomunicações estreitas (anastomoses ou capilares). Ainda que este esquema se assemelhasse ao que Harvey viria a definir em 1628 (Harvey,2016,70-6), não indicava uma única direcção para o fluxo sanguíneo, das artérias para as veias; esta e outras lacunas e contradições, recurso a erros antigos e uma prosa pouco cuidada, geradora de confusões, retiraram a Cesalpino a primazia da descoberta da circulação sanguínea, como também chegou a ser proposto (Bayon,1941,447;Prioreschi 2004, 386).

O esclarecimento do modelo da circulação recebeu um importante contributo por parte de um contemporâneo de Cesalpino, Fabrício Acquapendente, discípulo de Falópio[102]

---

[102] Gabriele Falloppio (1523-1562).Anatomista, médico e botânico Italiano. Professor de anatomia nas Universidades de Ferrara, Pisa e, por fim, Pádua

em Pádua e, depois, seu sucessor no ensino de anatomia, durante cerca de quarenta anos. Na realidade, ainda que tenha sido pioneiro na distribuição corporal das válvulas venosas, Fabrício não soube interpretar o seu significado fisiológico (Franklin,1927,5,15).

Conforme já referido (Comentário 13), Fabrício, anatomista funcional e aderente da fisiologia de Galeno, entendia que as válvulas venosas, comuns nas extremidades e ausentes na veia cava, jugulares e numerosos ramos cutâneos, não serviam para definir um fluxo unidirecional; em alternativa, actuariam como "pequenas portas" que impediam o sangue de sair da rede vascular (Franklin, 1927,5), além de retardarem o seu fluxo, de modo impedir a congestão do sangue nas extremidades do corpo, e sem comprometer a respectiva nutrição (McMullen,1995,492; Scultetus,2001, 438).

(onde sucedeu a Realdo Colombo). Legou diversos contributos à ciência anatómica, em particular sobre a cabeça (com descrições minuciosas da anatomia do ouvido, ductos lacrimais e ossos do crânio), músculos e órgãos reprodutores. Deixou o seu nome associado a diversos componentes anatómicos, em particular, o canal por onde passa o nervo facial (celebrizado como aqueduto de Falópio) e o canal que liga os ovários ao útero. Foi o primeiro a utilizar um espéculo auricular no exame dos ouvidos. Tido por autoridade em assuntos da sexualidade, terá sido o primeiro a descrever um preservativo, que recomendava para prevenção da sífilis e cuja eficácia testara num primeiro estudo clínico de que há memória. Foi autor de diversas obras de anatomia, cirurgia, patologia e terapêutica.

Ibn al-Nafis, Servetus e Colombo centraram-se no esclarecimento da circulação pulmonar, enquanto Cesalpino e Fabrício construíram as bases para a definição da circulação sistémica. Porém, os seus contributos foram insuficientes para a criação de um sistema lógico, que se verificou ser constituído por dois circuitos integrados de fluxo, perpétuo e unidirecional. Ainda que a maioria das anteriores conclusões resultasse das observações anatómicas de Vesálio, é um facto que alguns dos conceitos que perduravam desde a Antiguidade - como a fisiologia humoral, a teoria da sucção do fluxo sanguíneo, as ideias contraditórias sobre a causa da pulsação e a formação e movimentação de *espíritos* pelo corpo em associação com o sangue - restringiram a clareza do raciocínio e dos resultados apresentados até ao início do século XVII. Então, ainda faziam escola os conceitos de Galeno, em que a função do coração direito consistiria, resumidamente, em transportar os produtos de uma dieta saudável a todos os tecidos corporais, reservando para o coração esquerdo a tarefa de transportar energia vital e ar (*pneuma*) para arrefecer o corpo.

(c) Aparentemente, faltava um "quase" para esclarecer o mecanismo da circulação do sangue, até Harvey, eleito em 1615 *Lumleian Lecturer* do Royal *College of Physicians*, ter iniciado, no ano seguinte, as lições de anatomia que incluíam as observações experimentais e conclusões por si obtidas sobre a circulação do sangue (Bayon,1941,448; Silverman, 2007, 200). Depois de muito hesitar, Harvey decidiu-se a publicar aquelas observações uma década depois, já com 50 anos de idade, no livro magistral *"Exercitatio Anatomica de Motu Cordis et Sanguinis in Animalibus"* (Martin,1991,18).

Na introdução da obra, Harvey sugeriu que o modelo da circulação havia sido demonstrado cerca de 1618-9, ou antes, após o começo das referidas lições de anatomia (McMullen, 1995,492; Whitteridge,1971, 105). Porém, já teria concebido anteriormente aquele modelo, ao ter conhecimento, pelo seu mestre Fabrício, da existência de numerosas válvulas venosas que se opunham a que o sangue refluísse do coração (Osler,1908,306; Pagel,1967,19-20). Robert Boyle contou que, na única vez em que se encontrou com Harvey, pouco antes de este falecer, lhe perguntara que coisas o haviam induzido em pensar na circulação do sangue. Harvey não terá hesitado em confirmar que haviam sido as válvulas venosas (Boyle, 1688,157-8).

Harvey procurou esclarecer diversas questões centrais da fisiologia cardiovascular e da circulação sanguínea que vinham sendo objecto de conjecturas e resoluções duvidosas. O seu trabalho incidiu, particularmente, nos seguintes pontos: (i) características da dinâmica cardíaca; (ii) força propulsora do coração e origem da pulsação; (iii) função das válvulas cardíacas e venosas; (iv) movimento do sangue do coração direito para o esquerdo; (v) volume de sangue corporal, direcção do fluxo sanguíneo e esquema geral da respectiva circulação:

(i) Quanto à primeira das dúvidas, Harvey constatou que o sangue era enviado das aurículas para os ventrículos (Harvey,2016,26,30;90-1), o que contrariava o postulado de Galeno, no qual seriam os ventrículos a atrair, por sucção ou dilatação, o sangue da veia pulmonar (Harris,1973,273-4); esta hipótese era também eliminada, pelo facto de o coração extraído de um animal continuar a contrair-se e distender-se com as características de um órgão propulsor e não de sucção (Harvey,2016,27,31); esclareceu, também, que a pulsação cardíaca era independente da respiração (Harvey,2016,7), além de ser o primeiro e último sinal de vida (Harvey,2016, 28-9);

(ii) A contracção sistólica originava um impulso apical pulsátil, com subsequente expulsão do sangue do ventrículo esquerdo para as artérias, que se distendiam com o sangue que lhes era enviado (Harvey,2016,23); os ventrículos contraíam-se em simultâneo, opondo-se assim à ideia de o sangue ser impelido do ventrículo direito para o esquerdo através do septo (Harvey,2016,14); as aurículas, que Harvey excluía da estrutura cardíaca (Harvey,2016,26,47), também se contraíam em simultâneo, de modo que o movimento das aurículas e dos ventrículos decorria rápida, rítmica e consecutivamente (Harvey,2016,25,30); à sístole ventricular esquerda correspondia a diástole arterial e a pulsação (Harvey,2016,22-3); o movimento cardíaco, a sístole ventricular e a pulsação em todas as artérias, seriam simultâneos (Harvey, 2016,23);

(iii) Demonstrou, claramente, corrigindo as conclusões do seu antigo mestre Fabrício, que as válvulas venosas tinham por função evitar o retorno do fluxo sanguíneo, tal como sucedia no coração e nas artérias cardíacas, pelo que eram indispensáveis ao direcionamento único da circulação sanguínea (Harvey, 2016,70-5); recorrendo a garrotes colocados em determinados locais da rede vascular (Fig.9), comprovou que o fluxo sanguíneo seguia sempre na mesma direcção, de modo que as veias transportavam o sangue para o coração, enquanto as artérias o enviavam para a periferia do corpo (Harvey,2016,50,74); recusou a ideia de que o sector venoso do sistema vascular fosse mais importante do que o arterial, atendendo a que ambos têm funções distintas e essenciais (Harvey, 2016,49,50);

(iv) Ao excluir a existência de poros no septo interventricular e, assim, a passagem de sangue do ventrículo direito para o esquerdo (Harvey,2016,14), defendida por Galeno (Galen,1916,321,323), Harvey concluiu que a circulação teria de ocorrer através dos pulmões (Harvey, 2016,15); A igualdade de dimensões da artéria e da veia pulmonar indicaria que o volume de sangue que entrava nos pulmões era idêntico ao que saía, além de que seria demasiado elevado somente para a nutrição dos pulmões (Harvey, 2016,13); o sangue na veia pulmonar era mais vermelho e mais claro do que o da artéria pulmonar, como se tivesse sido imbuído por *espíritos* (Harvey, 2016,78); não observou os "vapores fuliginosos" resultantes do "fogo no ventrículo esquerdo" (Harvey, 201, 9,13.), propostos por Galeno (Harris,1973,335), nem vestígios de ar no sangue da veia pulmonar, que Erasístrato defendera (Harris,1973,211);

(v) O volume de sangue que fluía pelo coração e pela rede vascular era, em cada momento, muito superior ao que, de acordo com Erasístrato e, mais elaboradamente, por Galeno (Harris,1973,25-30,333), poderia ser formado a partir dos alimentos ingeridos para substituir o sangue contido nas veias no momento, ou que tivesse sido consumido pelos tecidos (Harvey,2016,51-3,57); adicionalmente, ao calcular a quantidade de sangue que passava pelo coração em meia hora (cujos valores obtivera por experimentação animal), verificou que ultrapassava a que estimara para todo o corpo (Harvey,2016,52); portanto, aquela quantidade de sangue também não poderia reflectir uma constante e correspondente formação, além de exceder, também, a capacidade e integridade vascular. Portanto, o sangue que fluía continuamente pelo coração tinha volume fixo, e a sua movimentação corporal ocorria em circuito intravascular perpétuo, sempre na mesma sequência, por impulso cardíaco;

o sangue, enviado do coração pelas artérias para todas as partes do corpo, retornava aquele órgão pelas veias (Harvey, 2016,48,51,57,76); a quantidade de sangue expelido pelo coração por unidade de tempo seria igual à que, na periferia corporal, passava das veias para as artérias (Harvey,2016 53); a quantidade de sangue, assim como a rapidez em que circulava variava com diversas circunstâncias internas e externas (Harvey,2016,54); para que o circuito do fluxo sanguíneo intravascular ocorresse nas condições especificadas, Harvey propôs a existência (imprescindível) de anastomoses entre as extremidades das artérias e veias e ou, indirectamente, a passagem do sangue através de poros em tecidos e partes sólidas permeáveis (Harvey, 2016,60,64).

Deste modo, quase um século depois de Vesálio ter posto em dúvida alguns dos conceitos anatómicos de Galeno, Harvey anulou definitivamente o modelo fisiológico por este estabelecido para a circulação sanguínea, ao propor um esquema inovador (Fig.10). Todavia, não se esqueceu de homenagear Galeno (Harvey,2016,33,44) e de recorrer a alguns dos seus postulados para suporte do novo modelo, tais como a descrição das válvulas cardíacas e da "substância pulmonar", em que esta seria atravessada pelo sangue proveniente da artéria pulmonar para a veia pulmonar e ventrículo esquerdo (Fleming,1955,322).

Ainda que apoiadas na vivissecção de cerca de oitenta espécies de animais e reforçadas por observações fisiológicas cuidadosas (Silverman,2007,201;Lennox,2006,8,12,15-7,23), as demonstrações que Harvey divulgou não chegaram para convencer os seus pares da época quanto qualidade da solução que apresentara para um problema fisiológico concreto, apoiado numa experimentação exaustiva e em notável definição estratégica (Mowry,1985,58-61). Muito menos terá ocorrido aos detractores que estavam perante a fundação da medicina experimental e do progresso imparável da ciência médica (Osler,1908,329-30). Talvez que tanta lentidão, indiferença e ou recusa do meio académico e médico em aceitar um facto que Harvey tornara óbvio, não reflectissem senão (em termos meramente científicos) o desconhecimento do modelo proposto ou, talvez, por o interpretarem como uma reapresentação do que Colombo publicara em *"De Re Anatomica"* (Osler,1908,316-7; Bayon, 1941,444).

Entre outros motivos plausíveis para a relutância dos seus pares, há a destacar que, na argumentação inicial, faltou a Harvey demonstrar, conclusivamente, que o sangue não "purgava" do ventrículo direito para o esquerdo através do septo, e que as irregularidades que Galeno confundira com porosidades marcavam o início da circulação pulmonar (Comroe,1982,1).

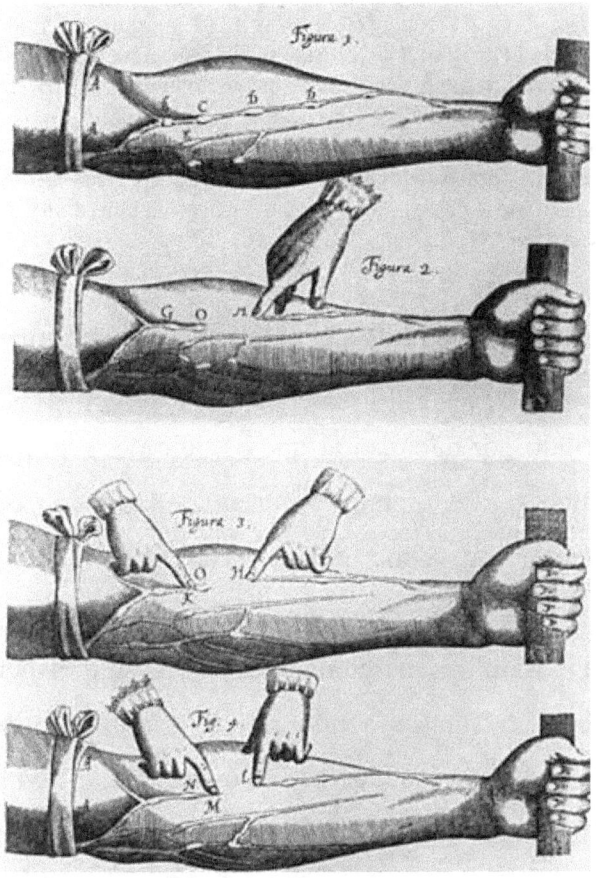

Figura 9. Experiência sobre a direcção do sangue nas veias, reproduzindo as únicas figuras (1-4) do tratado "*Exercitatio Anatomica de Motu Cordis et Sanguinis in Animalibus*", publicado por William Harvey em 1628. O objectivo de Harvey era demonstrar que o sangue venoso seguia exclusivamente para o coração. Para tal, começou por aplicar um garrote acima da região do sangradouro, pondo em evidência veias cheias de sangue e as respectivas válvulas, estas com a aparência de elevações (p.ex., B;C;D, "figura" 1); ao pressionar o vaso acima de uma das válvulas (p.ex.,entre H e O, "figura" 2) e mantendo a ponta do indicador em H, não havia influxo nem refluxo sanguíneo, a válvula O desvanecia-se, mas a veia acima de O continuava cheia de sangue; com o espaço H-O comprimido e usando a outra mão para pressionar a veia acima de O ("figura" 3), o espaço entre este ponto e a

> válvula ingurgitava, enquanto o segmento H-O permanecia vazio, sinal de que não havia refluxo de sangue; numa outra veia cheia ("figura" 4), pressionando com uma mão o ponto L e arrastando o sangue do segmento venoso até N, verificou-se o mesmo da "figura" 2 mas, ao remover o dedo de L, a veia enchia imediatamente, com retoma do fluxo normal da periferia para o centro. Cortesia: Public Services Group, Rare Books and Special Collections, Princeton University Library, EUA.

Na verdade, a circulação pulmonar foi uma quase charada, que Harvey tardou em esclarecer (Harvey,2016,32), sobretudo por não aceitar que os pulmões requeressem tanta quantidade de sangue pulsátil, debitada pela artéria pulmonar, para a sua nutrição (Harvey2016,48,51), além de persistir na ideia, (embora confessando dúvidas) de que a passagem do sangue pelos pulmões fosse indispensável para arrefecer o sangue vindo do ventrículo direito (Harvey, 2016,39-40). O esclarecimento experimental teria de esperar até 1651, quando Harvey, já com 73 anos, fez passar água da artéria pulmonar para o ventrículo esquerdo através dos pulmões de um cadáver humano, enquanto comprovava que "nem uma gota" atravessava o septo interventricular (Whitteridge,1971,204-5). Estes resultados, que esclareciam, definitivamente, o circuito da pequena circulação e excluíam a possibilidade de uma passagem transeptal do sangue, nunca foram divulgados em livro ou artigo; seriam conhecidos somente numa carta enviada por Harvey em Março daquele ano a um seu amigo, Paul Marquart Schlegel, de Hamburgo (Whitteridge,1971,204; Comroe,1982,2-3).

Harvey também não clarificou qual era o *propósito* da circulação, peça fundamental da filosofia Aristotélica (Harvey,2016,41;Bolton,2015,137). Aliás, acrescentou uma peculiar e limitada interpretação quanto aos objectivos da circulação, ao afirmar que o sangue, *"após alimentar e aquecer todas as partes corporais, ficava mais frio, mais espesso e perdia o seu poder; por tal, regressava à origem, ao coração, começo da vida e sol do microcosmo... para recuperar a fluidez, calor natural e perfeição, impregnado de espíritos*, que seriam novamente dispersos pelo corpo pelo coração (Harvey, 2016,49,77-8). Ou seja, o coração aquecia o sangue mas, para evitar que o *"calor inato"* resultante fosse em excesso e provocasse uma "ebulição" fatal, dependia da respiração pulmonar para o respectivo arrefecimento (Harvey,2016,39-40).

Perante afirmações que lembravam postulados de Diocles e Erasístrato (Furley, 1984,127,129; Londinensis,1947,91; Harris,1973, 106), poderá afirmar-se que o modelo da circulação sanguínea ficou, na generalidade, esclarecido, apesar de Harvey não se aperceber do seu principal significado e importância (Furley, 1984,62; Fleming, 1955, 324).

Figura 10. Modelo da circulação sanguínea estabelecido por William Harvey. Fundamentalmente, Harvey aboliu a ideia de o sangue ser formado pelo fígado e de circular em separado nas artérias e veias; pelo contrário esclareceu que uma quantidade fixa de sangue circulava por todo o corpo, continuamente e em sistema fechado, devido à acção propulsora do coração; o sangue oxigenado pelos pulmões era enviado para os tecidos periféricos, donde retornava ao coração pela rede venosa. A existência de válvulas cardíacas e nas veias era determinante para o circuito unidirecional do sangue. Para ser viável, Aquele circuito sanguíneo dependeria da existência de comunicações ou passagens directas entre as artérias e as veias, sob a forma de anastomoses ou poros teciduais. (Mais pormenores são explicitados no texto).

Este pormenor, ou também o facto de o seu livro ser, essencialmente, dirigido para a circulação de todos os animais em geral, dos quais alguns só tinham um ventrículo e, portanto, não possuírem circulação pulmonar, terá sido o motivo para Harvey o secundarizar, esclarecendo-o somente muito depois (Whitteridge,1971,204).

(d) Durante os quinze séculos em que as doutrinas de Galeno perduraram, o modo como o sangue se movimentava pelo corpo terá sido pouco relevante, comparativamente ao transporte de *pneuma* e do *calor inato*. Não admira, assim, que, entre outras inexactidões fisiológicas já referidas, o sangue ainda fosse perspectivado sob dois tipos distintos (o arterial e o venoso), sujeitos a movimentos incessantes de fluxo e refluxo, sem que da sua interrupção resultassem consequências graves ou fatais para o sujeito. Estas e outras ideias, que se afiguraram ilógicas após Harvey, mantiveram-se enquanto a observação não foi enriquecida pela experimentação, do que resultou a inevitável mudança de paradigma científico no Renascimento. É, portanto, com inteira justiça que William Harvey tem sido invocado como o real fundador da fisiologia e, portanto, da medicina moderna (Schultz,2001,80).

Atentando a que as inovações da sua época ainda eram atendidas através dos "óculos de Galeno" (Osler,1908,309), não surpreende que a aceitação inequívoca do modelo de Harvey tenha começado somente a meio do século XVIII. No entanto, a maioria das contestações cessou logo que Malpighi, em 1661, observou por microscopia óptica, nos pulmões de rã, a intercomunicação das artérias e das veias através de uma rede de capilares que assegurava a continuidade da circulação sanguínea (Malpighi, 1671,2150; Young,1929,7-9). Apesar da importância de que se revestiu, a aplicação da descoberta de Malpighi na prática clínica seria compreendida e concretizada somente depois da sua morte (Aird,2011,128).

Cerca de um século depois, von Haller confirmou, experimentalmente, as características da circulação sanguínea, em que se incluía a evidência microscópica de capilares em preparações do mesentério, cauda e patas de diversos animais (von Haller,1757,28-9;von Haller,1801,26-31).

Todavia, no início do século XIX, ainda perduravam dúvidas sobre o modelo de Harvey (Williams,1824,268). Em alguns países de língua Espanhola, a rejeição, seguida pela reivindicação da descoberta pelos seus médicos prolongou-se até ao século XX[103] (Izquierdo 1948,120-1).

---

[103] No século XIX,os historiadores médicos Espanhóis iniciaram uma campanha de reivindicação da descoberta da circulação sanguínea, muito antes de Harvey. Aquele movimento nacionalista fora desencadeado um século antes por um monge Beneditino, Benito Jerónimo Feijóo (1676-1764). Após atribuir a descoberta a Cesalpino e, numa segunda fase, a Serveto, Feijóo resolveu conferi-la a Francisco de la Reina, cirurgião veterinário de Burgos. A convicção de Feijóo fundamentava-se exclusivamente numa frase que La Reina escrevera em 1564, cujo sentido seria: "o sangue anda em redor, como numa roda, por todos os membros". De seguida, Feijóo fez notar que muitos outros médicos

Na verdade, após o acolhimento céptico que se seguiu à publicação do *Motu Cordis*, sobreveio um período, entre cerca de 1700 e a primeira metade do século XIX, em que as interpretações vitalistas se superiorizaram, progressivamente, às mecanicistas, criando uma nova perspectiva para o modelo de Harvey. Esta evolução deveu-se, em grande parte à ineficácia dos mecanicistas em explicarem a actividade cardíaca, enquanto os vitalistas, defendiam os conceitos da *"irritabilidade"* e *"sensibilidade"*, sugeridos por Glisson e Harvey. Para estes, o coração e o sangue reagiriam a estímulos autónomos, independentes do sistema nervoso (Fuchs,2001,198-202), o que também foi proposto (embora sem aderir as teses vitalistas) por von Haller. Explicar-se-ia, assim, que o sangue continuasse a fluir e o coração mantivesse os seus batimentos algum tempo depois da morte, devido ao músculo cardíaco estar impregnado de grande *força inata* ou *"irritabilidade"*. Deste modo, para os vitalistas, os movimentos cardíacos seriam accionados por factores não mecânicos, subsequentes à *"irritação"* provocada pelo influxo de sangue no coração esquerdo, sobretudo no próprio ventrículo (von Haller,1757,151-6; von Haller,1801,44,52,76). Numa leitura complementar, o sangue

---

Espanhóis ter-se-iam antecipado a Harvey em descobertas importantes relacionadas com a circulação do sangue. Dois autores médicos Espanhóis do século XIX, Hernández Morejón e Chinchilla, juntaram-se á campanha, ao destacarem onze presuntivos compatriotas descobridores pré-Harvey, entre os quais se incluía o citado Juan Valverde. Aquele movimento nacionalista ainda defendia as mesmas ideias na primeira metade do século XX.

como que estaria dotado de poder propulsivo autónomo, em contraste com o impulso central limitado ao coração (Fuchs,2001,204).

Nos finais do século XVIII, o Vitalismo sobrepujara o Mecanicismo. Para o vitalista Stahl, a alma seria a causa imediata de todas as actividades corporais, incluindo a cardíaca, que resumia na seguinte afirmação: *"é a alma que faz os pulmões respirar, o coração bater, o sangue circular, o estômago digerir, o fígado secretar"* (Stahl,1863, II:422). Assim, enquanto para os vitalistas as diferentes formas de movimento dependiam da alma, para os cartesianos, a matéria (por ser inerte) tinha de ser movida por forças externas, o que veio a ser, transitoriamente, reforçado pelas teses mecanicistas, com o respaldo nas descobertas da física Newtoniana (French,1978,721-2).

No início de 1800 surgiu uma nova concepção vitalista, pela qual a actividade mecânica e central do coração seria um estímulo secundário, dependente de um centro periférico predominante e sensível, localizado no sistema capilar (Bichat,1812, 252-3,426-7,509). Ou seja, o controlo da circulação sanguínea, inicialmente debatido entre o coração e o sangue, trocava de posição para uma periferia dominante que secundarizava o centro (coração), Esta perpectiva marcou o começo de um período de sucessivas alternativas (retrógradas, contraditórias e ou fantasiosas) que tendiam a modificar e a esquecer o processo circulatório concebido por Harvey, e a secundarizar a influência do coração na movimentação corporal do sangue (Fuchs,2001,205-10). Não obstante, Harvey também fornecera argumentos para um Vitalismo sistémico, ainda que sem desguarnecer o primórdio da acção cardíaca.

Quase no termo da primeira metade do século XIX, foi a vez de as teorias anteriores que favoreciam o predomínio do controlo periférico serem menorizadas pelo ressurgimento mecanicista do controlo central da circulação, através da abordagem Cartesiana promovida por François Magendie[104] Além de recusar a existência e intervenção da *"sensibilidade"* vascular, contractilidade capilar e poder de impulsão vital do sangue, entre outras teorias avançadas pelos vitalistas, Magendie situou, claramente, o controlo da circulação na "bomba hidráulica" cardíaca (Magendie,1839, 65-6, 72-8, 107, 236, 268-70,362).

---

[104] François Magendie (1783-1855).Fisiologista Francês, tido por precursor da fisiologia experimental. Foi professor do *Collège de France*, onde teve por assistente Claude Bernard, que viria a suceder-lhe no cargo. Experimentalista reconhecido, desenvolveu observações de vivissecção animal nas aulas de anatomia que, por serem públicas, geraram grande polémica entre pares e defensores de direitos dos animais, que o acusavam de crueldade desnecessária e tortura. Autor de várias obras, em que se incluem as suas lições de fisiologia, *"Phénomènes Physiques de la Vie"*.

Presentemente, parece não subsistirem dúvidas quanto à constituição e funções do sistema circulatório, também designado por sistema cardiovascular. Essencialmente baseado no modelo descrito por Harvey e completado por Malpighi, o sistema cardiovascular consolidou-se como um circuito fechado com três componentes essenciais – sangue, coração e vasos sanguíneos (artérias, veias e capilares) – organizado em dois arcos circulatórios interconectados, o da circulação sistémica e o da circulação pulmonar (Guyton, 2006,103,106-10,161-3). O sistema linfático (aberto) e os pulmões situam-se como constituintes acessórios do sistema circulatório (Guyton,2006,190-4,477-9,483-5).

Entre as principais funções do sistema circulatório sobressai o transporte (de células sanguíneas, nutrientes, oxigénio, dióxido de carbono e factores neuroendócrinos) entre os diversos órgãos e tecidos, tendo como finalidade assegurar a nutrição e a qualidade da actividade metabólica tecidual, o desenvolvimento e a defesa contra agentes patogénicos, a estabilização da temperatura, do pH e da homeostasia corporal. Na generalidade, a eficácia destas funções é regulada através da perfusão sanguínea tecidual, débito cardíaco e pressão arterial (Guyton,2006, 4-5, 181-90; 195-203).

A circulação começa com o relaxamento cardíaco entre duas sístoles, durante o qual o sangue passa, em simultâneo, das duas aurículas para os dois ventrículos, após o que sobrevém a sístole, também simultânea, de ambos os ventrículos, com ejecção de sangue oxigenado para todo o corpo (excepto os pulmões) e do sangue desoxigenado para os pulmões. O ventrículo esquerdo, ao ejectar o sangue arterial na aorta, dá início à circulação sistémica, pela qual o oxigénio e nutrientes são distribuídos por todos os tecidos a nível dos capilares, por troca o dióxido de carbono e produtos teciduais com acção metabólica ou para excreção; após estas permutas, o sangue, parcialmente desoxigenado, é transportado de volta ao coração pelo sistema venoso, entrando na aurícula direita. A circulação pulmonar começa com a sístole do ventrículo direito, que envia o sangue venoso para os pulmões através da artéria pulmonar e respectivas ramificações arteriais, até aos capilares que envolvem (como numa rede) os sacos alveolares, de modo viabilizar a oxigenação do sangue venoso pelo ar fresco inspirado pelos pulmões, em permuta com a eliminação do dióxido carbono recebido dos tecidos periféricos (Guyton,2006,106-10,161-3).

Prosseguindo, DM procurou esclarecer as vantagens que o conhecimento do modelo da circulação de Harvey trouxe para as sangrias. Em vez de o sangue ser colhido em veias mais próximas de zonas afectadas, por vezes em locais críticos e de grande dificuldade, o sangrador poderia realizá-la em qualquer veia acessível, depois de a garrotar acima do local escolhido; para interromper a colheita, comprimia-se a mesma veia abaixo da cissura de punção. Estas instruções foram ilustradas com o efeito produzido pela compressão de artérias e veias, as quais ficavam túrgidas com sangue, respectivamente, acima ou abaixo do local onde se colocava o garrote, para concluir que o sangue fluía do centro para a periferia nas artérias e em sentido inverso nas veias *(pp.35-7)*, pelo que *"a circulação não é outra coisa, logo o sangue circula"* (*p.37*). Em nota de rodapé foi esclarecido o que se entendia por sangrias de derivação e revulsão.

Segundo DM, existiriam três espécies de circulação: (i) maior (do ventrículo esquerdo para a periferia e daqui para o ventrículo direito; (ii) média, ou medíocre (do ventrículo direito aos pulmões pela artéria pulmonar e dos pulmões para o ventrículo esquerdo, pela veia pulmonar); (iii) coronária. Todavia, decidiu explicitar somente dois tipos de circulação, aquelas em que o sangue circulava "uma ou duas vezes" pelos capilares (*pp.38-9*). Seguiu-se a descrição exaustiva do circuito da grande e da pequena circulação, em grande arte sobreponível ao esquema actual (*pp.39-55*). No trajecto venoso teve o cuidado de apontar os locais mais utilizados para as sangrias, e a atenção a ter (em nota de rodapé) com a proximidade de artérias, como a cubital que, em alguns indivíduos, poderá situar-se mais à superfície, confundindo-se com as veias da região em que seria costume fazer a sangria *(pp.35-6)*.

Ainda em nota de rodapé, DM (ou Brandão) alertou para o perigo das sangrias em artérias, "*porque o seu movimento contínuo de contracção e de dilatação não deixa unir depois os lábios da cisura, o que pode causar uma hemorragia mortal*" (*pp.42-3*).

Aconselhou os interessados esclarecerem-se melhor sobre a angiologia humana, recomendando a leitura do tratado de anatomia de Winslow, a que acrescentou, em nota de rodapé, o compêndio de Santucci[105], ao mesmo tempo que alertava os Principiantes a "*fugir de tudo*" que Monravá escrevera sobre o tema (*p.48*).

Quanto à circulação em que o sangue passaria somente uma vez pelos capilares, DM mencionou "*a mais curta de todas pela qual o sangue circula em a substância do mesmo coração por meio dos vasos chamados coronários*", (*p.39*), cujo mecanismo suscitara desacordo entre Boerhaave e o seu discípulo von Haller. Enquanto o primeiro admitira que o enchimento das artérias coronárias ocorria durante a dilatação dos ventrículos, von Haller recusou a ideia, situando-o durante a contracção cardíaca (*pp.50-1*).

---

[105] Bernardo Santucci (1701-1764).Médico e anatomista Italiano. Doutorado pela Universidade de Bolonha, com aperfeiçoamento em estudos anatómicos, foi convidado por D. João V para substituir Monravá y Roca para ensinar anatomia no Real Hospital de Todos-os-Santos. Contudo, o cuidadoso estilo de ensino de Santucci, baseado no cadáver e, oposto ao do seu antecessor, desagradou de tal modo os médicos e cirurgiões da época que forçou o monarca a demiti-lo em 1747. Autor do primeiro tratado de anatomia humano escrito em Português ("*Anatomia do corpo humano, Recopilada com Doutrinas Medicas, Chimicas, Filosoficas, Mathematicas, com Indices, e Estampas, representantes todas as partes do corpo humano*"), publicado em Lisboa em 1739. Segundo parece, o texto e gravuras utilizadas foram uma cópia quase integral do tratado "*Anatomia Corporis Humani*", escrito pelo Flamengo Philip Verheyell (1648-1710).

Em rodapé, DM (ou Brandão) ainda citou a opinião de Flemyng [106], para quem o sangue fluiria nas coronárias durante a sístole ventricular e, em complemento, durante a contracção arterial, ou seja, de acordo com Boerhaave e outros Autores *(p.51)*.

Comentário 19

(a) DM incluiu a circulação coronária como uma espécie-extra do modelo que se conhece desde Harvey, de modo que optou por expor as duas outras espécies, para *"não causar confusão aos Principiantes"(p.39)*. Está hoje estabelecido que a circulação do sangue pelos vasos coronários faz parte do circuito sistémico, tendo como finalidade principal nutrir o miocárdio, após o que o sangue venoso colectado nas veias coronárias e destas, no seio coronário, entra na aurícula direita. Terá sido esta particularidade que levou DM a classificá-la à parte, talvez influenciado por Winslow (Winslow,1732, 597). Todavia, quer Winslow quer Whytt e van Haller defendiam que o sangue entrava nas artérias coronárias sobretudo durante a diástole ventricular (Whytt,1751,49-50;von Haller, 1801, 54, 56-7,59). Embora não solucionasse a controvérsia quanto à fase do ciclo cardíaco mais influente na perfusão das artérias coronárias

---

[106] Malcolm Flemyng (1700-1764). Fisiologista, médico e escritor Escocês. Autor de vários tratado e outras publicações, designadamente, *"Introduction to Physiology"*, que reunia as suas lições particulares sobre o tema, a alunos de Londres.

(Anrep,1936, 52-3), aquela última proposta concorda, em geral, com os conhecimentos actuais.

De facto, a perfusão arterial coronária, que constitui a única fonte de irrigação do miocárdio, ocorre, sobretudo, durante a diástole ventricular, quando aumenta a pressão na aorta; a irrigação do miocárdio pelas artérias coronárias epicárdicas (coronárias direita e esquerda) é, em condições normais, regulada pelas necessidades em oxigénio que, não sendo satisfeitas, estão na origem de isquemia tecidual; o sangue desoxigenado pós-irrigação miocárdica é drenado pelas veias coronárias para o seio coronário e, deste, para a aurícula direita (Betts, 2016,839,846-8; Klabunde, 2012,157-60).

(b) Ao aconselhar os Principiantes a estudarem a angiologia no tratado de Winslow (*p.48*), DM prestou um mau serviço pedagógico, pois não teve em conta discrepâncias essenciais, relativamente ao modelo descrito por Harvey, nem ao que ele próprio havia descrito. Winslow foi impreciso quanto à constituição do coração, ao delimitá-lo quase exclusivamente aos dois ventrículos e posicionando as aurículas como receptáculos do sangue proveniente das veias cava e pulmonar (Winslow,1732, 590, 596-7).

Num outro exemplo, Winslow foi igualmente dúbio ao definir a primeira de três circulações, considerando-a a mais geral, *"em que quase todas as artérias do corpo se enchem pela sístole dos ventrículos do coração, e em que grande parte das veias se esvaziam durante a diástole"* (Winslow,1732,597).

Ao invés de DM, Winslow entendia que a segunda circulação é a coronária, em que as artérias se enchem na aorta durante a diástole ventricular e as veias escoam o sangue durante a sístole para a aurícula e ventrículo direitos e, em menor quantidade, para o ventrículo esquerdo (Winslow,1732, 594,597).

Por fim, indicou a singularidade de uma terceira circulação baseada no ventrículo esquerdo, o qual receberia uma reduzida quantidade de sangue que não atravessavas pulmões; numa explicação confusa, esse sangue, que chegaria ao ventrículo esquerdo através de "condutos venosos", provinha das restantes cavidade cardíacas (Winslow, 1732, 594,597).

(c) Revela perspicácia a apreciação de DM (*p.48*) quanto à qualidade relativa dos escritos dos dois professores, Santucci e Moravá, que haviam sido contratados por D. João V para ensinar anatomia a alunos e actualizar a prática cirúrgica a médicos, no Hospital de Todos-os-Santos, em Lisboa (Frada, 1995, 386-8).

(d) DM descreveu, com acerto, os procedimentos teórico-práticos das flebotomias que Harvey havia pormenorizado e fundamentado através da aplicação de garrotes nos membros (Harvey,2016,60-6). Estes estudos confirmaram que o sangue entrava nos membros pelas artérias e saía pelas veias o que levou Harvey a postular a existência de intercomunicações entre as extremidades mais finas das artérias e veias locais, bem como a associar a melhor local para a flebotomia, em função do posicionamento do garrote (Harvey,2016, 60-6). Desde então, a aplicação de um torniquete num dos membros superiores dos doentes passou a ser a primeira etapa das flebotomias (McMullen,1995,98).

Referira-se que alguns dos ensinamentos legados por Galeno quanto às sangrias foram seguidos até ao século XIX; desde então, as flebotomias perderam alguma aplicação, preteridas pelo recurso a sanguessugas (West,2015,15).

4.6-Sobre a circulação fetal

Relativamente à circulação fetal, DM mencionou a particularidade de o sangue proveniente da mãe pela veia umbilical ser passível de se desviar do seu trajecto ordinário por três vias (*pp.51-3*): (i) da veia porta até à veia cava inferior, pelo ducto venal (*ductus venosus*); (ii) através do buraco oval (*foramen ovale*), de comunicação entre as aurículas (em rodapé, foi mencionada a polémica entre os defensores de passagem do sangue da aurícula esquerda para direita, como Jean Méry[107], parece que apoiado por Winslow, contra a maioria que propunha o oposto) (*pp.52-53*); (iii) pelo canal arterial (*ductus arteriosus*), desde o início da artéria pulmonar até ao da aorta.

O sangue venoso destes dois últimos trajectos não fluiria pelos pulmões do feto "*que estão encolhidos por falta de respiração*" (*p.53*), regressando à mãe pelas artérias umbilicais; estas, junto com a veia, formavam o cordão ou "*funículo umbilical*" pelo que a circulação seria recíproca entre a mãe e o feto. Em rodapé, refere que, por não respirarem enquanto no ventre da mãe, os pulmões dos fetos não contêm ar, pelo que, se fossem postos na água, iriam para o fundo; esta particularidade permitia confirmar se os recém-nascidos nascem mortos ou se as mães "*maliciosamente os mataram*"; bastaria o recém-nascido respirar ar fora do ventre materno para os pulmões se dilatarem e não irem para o fundo (*pp.51-54*).

De modo a não haver "*obstrução perigosa*", seria necessário que os vasos que recebessem o sangue tivessem capacidade idêntica à daqueles donde provém. Esta premissa seria posta em causa por

---

[107] Jean Méry (1645-1722). Anatomista, cirurgião e patologista Francês. Grande parte da sua actividade decorreu como cirurgião do *Hôtel-Dieu* e dos *Les Invalides*, em Paris. Membro da *Académie Royale des Sciences* e médico da corte. Muitos dos seus trabalhos de pesquisa incidiram na correlação entre as observações anatómicas, fisiológicas e patológicas, sobretudo em malformações.

Helvetius[108], ao indicar que a aurícula e ventrículo direitos tinham capacidade superior à da aurícula e ventrículo esquerdos, enquanto as artérias do *"bofe"* eram mais largas e numerosas do que as veias pulmonares.

Atendendo aquela proposta, DM interrogou-se como poderia o sangue, sem fazer obstrução, passar da parte venosa e dos pulmões para a parte esquerda do coração, atendendo a que a parte venosa tem maior capacidade. E como conseguiria o sangue de todas as veias passar pelas artérias que nascem da aorta? Respondendo a si próprio, apresentou as três explicações mais aceites: (i) parte do sangue *"fica no mesmo bofe para lhe servir de sustento"*); (ii) *"o ar que se respira e desce carregado de vapores ou partículas de água ao bofe, refresca e, portanto, condensa o sangue"*, e o *sangue, sendo condensado pede menos espaço nas veias pulmonares e no lado esquerdo do coração (esclareceu que*; esta solução fora contrariada por outros autores, como Santorini[109]); (iii) a contracção do coração faz o sangue do lado esquerdo *"escorrer mais depressa"*, compensando o maior volume que lhe chega (*pp.55-58*).

---

[108] Jean-Claude Adrien Helvetius (1685-1755).Médico Francês. Membro da *Académie Royale des Sciences* e Conselheiro de Estado Foi médico da rainha Marie Leszczynskae esposa do, rei Louis XV.
[109] Giovanni Domenico Santorini (1681-1737). Anatomista Italiano.

Comentário 20

(a) As particularidades sobre a circulação fetal referidas por DM sobrepõem-se às descrições de Fabrício, por sua vez baseadas em Galeno (Whitteridge,1971, 23-5), sendo, por fim, clarificadas por Harvey (Harvey,2016,36-7). Deste modo, como o sangue venoso é impulsionado, regular e directamente, da veia cava para a aorta através das passagens referidas, os pulmões do feto não interviriam na oxigenação do sangue antes do seu nascimento, enquanto o coração actuaria como órgão propulsor (Harvey,2016,39).

Na generalidade, o esquema apresentado identifica-se com o actual, ainda que com naturais limitações. De facto, a circulação fetal engloba também a placenta, ou seja, é uma circulação feto-placentária, substancialmente diferente da pós-natal, devido, sobretudo, à inactividade dos pulmões, enquanto o oxigénio e nutrientes provêm da mãe. A placenta funciona como verdadeiro órgão intermediário endócrino feto-maternal, através do qual recebe o oxigénio e nutrientes provenientes da mãe pela veia umbilical, por troca com o dióxido de carbono e impurezas, enviados pela artéria umbilical para a circulação materna (Kiserud,2005,494,499).

Até cerca de metade da gestação não há sinais relevantes de reactividade vascular pulmonar, após o que se assiste a um aumento progressivo da resistência vascular, desencadeada por diversos tipos de factores mitogénicos; desta evolução resulta que apenas cerca de 20% do fluxo sanguíneo debitado pelo ventrículo direito atravesse a circulação pulmonar (Rasanen,1998,259-62; Kiserud,2005,499; Gao,2016, 413-8). Beneficiando de a resistência vascular sistémica ser substancialmente inferior à pulmonar no período fetal, a maior parte do fluxo sanguíneo é desviada, através do *foramen ovale* e do *ductos arteriosus*, para a aorta e, por esta, distribuído a outros órgãos (Rudolph,1979, 383; Rasanen, 1998,260; Gao,2010,1291, 1298-9).

Com o nascimento sobrevem uma redução brusca da pressão arterial pulmonar e da resistência vascular, a par com o aumento da pressão de oxigénio e do fluxo sanguíneo. Na sequência, as adaptações hemodinâmicas, moduladas por um conjunto de factores neuroendócrinos com acção vasomotora, aumentam a pressão na aurícula esquerda que, ao superiorizar-se à da direita, provoca o encerramento do *foramen ovale*; por seu lado, o aumento da concentração de oxigénio circulante está na origem do encerramento do *ductus arteriosus* (Rudolph,1979,390;Kiserud, 2005,495; Gao,2010,1290). Com o encerramento de ambos os circuitos, é iniciada a actividade pulmonar, com correspondente circulação sanguínea e trocas gasosas alveolares.

(b) Quanto às possíveis adaptações cardiovasculares que DM sugeriu, a título de compensação de uma superior capacidade da metade direita do coração, relativamente à da esquerda, há a dizer que estão incorrectas, por uma razão principal: o volume de sangue em circulação é, como Harvey esclareceu, fixo e circula contínua e equilibradamente no sistema cardiovascular (Harvey2016, 48,51,57,76), o que exclui as hipóteses apresentadas por DM. Esta discrepância representa mais um exemplo em como o modelo da circulação de Harvey ainda não havia sido completamente entendido cerca século e meio depois de apresentado, pelo que alguma da influente comunidade médica com responsabilidades lectivas, ainda recorria às interpretações inspiradas em Galeno e seguidores.

4.7-Origem da pulsação

DM interrogou-se por que razão pulsavam as artérias e não as veias. Continuando, acrescentou: *"os que imaginaram que as artérias eram cónicas com a base virada para o coração, atribuíam-lhe a pulsação"* (*p.58*). Contudo, esta hipótese não serviria de explicação, já que as ramificações teriam maior diâmetro conjunto do que os troncos anteriores. Em alternativa, propôs que o movimento de dilatação e contracção observado nas artérias resultaria da impulsão do sangue e da elasticidade das artérias (*pp.58-9*). *"O sangue lançado com força nas artérias quando o coração se contrai as há-de dilatar necessariamente, mas tanto que esta causa cessa, as membranas que formam as artérias se tornam a por no seu antigo estado"* (*p.59*). Nos vasos grossos a pulsação seria mais sentida do que nos finos, pois quanto mais se afasta o sangue do coração menor é a sua velocidade. Em compartida, a pulsação não seria sentida nas veias visto que *"o sangue é lançado nelas com movimento brando e continuado, cuja força é ainda diminuída pelos vasos capilares venosos"* (*pp.59-60*).

Comentário 21

A explicação apresentada pelo DM quanto à natureza da pulsação arterial parece correcta. Embora não indique a causa da impulsão sanguínea, presume-se que resida na contracção cardíaca. É actualmente reconhecido que cada nova onda sistólica de sangue provoca uma imediata distensão das paredes arteriais ao longo do seu trajecto, ainda que a amplitude diminua até quase não haver pulsação a nível dos capilares (Guyton,2006,172,174-5). Esta redução progressiva da pulsação arterial foi constatada por DM, que a justificou pela diminuição da velocidade do sangue; presentemente, é atribuível a uma redução gradual do lúmen arterial e da distensibilidade total (Guyton,2006, 173).

Ao contrário do que DM afirmou, e embora não se possa dizer que as veias pulsam, sabe-se que as periféricas, além de actuarem como potenciais reservatórios de sangue, tendem a impulsionar o sangue por uma espécie de "bomba venosa" que contribui para a regulação do débito cardíaco (Guyton, 2006, 176,232-5).

A pulsação tem sido uma questão recorrente e parte integrante do exame clínico nas mais diversas situações, normais e patológicas, desde a Antiguidade. A primeira referência escrita conhecida sobre o assunto foi identificada no papiro Ebers, onde se lê: *"o coração fala através dos vasos periféricos (metu)* " (Nunn,1996,85). Ou seja, ao medirem o pulso, os médicos Egípcios da época avaliavam o estado do coração e a saúde dos doentes (Sanchez,2012,40), embora acreditassem que os *metu* continham ar e não sangue.

Praxágoras terá sido, o primeiro médico Grego a afirmar que somente as artérias evidenciavam pulsação, então atribuível à rotura de bolhas formadas pelo processo digestivo normal, que seriam transportadas pelas veias até às artérias por um mecanismo não clarificado (Harris,1973,111-3).Mais tarde, Erasístrato estabeleceu que as artérias se dilatavam passivamente, devido à pressão do *pneuma* expelido em cada sístole do ventrículo esquerdo, enquanto o coração se dilatava e contraía pela própria *força inata* ou *vital*; por conseguinte, o coração enchia-se porque se dilatava, enquanto as artérias se expandiam por ficarem cheias, contraindo-se, talvez, por elasticidade própria (Harris, 1973,227,229).

Embora se saiba muito pouco da vida pessoal de Erasístrato, justifica-se que, a propósito dos seus estudos do pulso, venha à colação um curioso episódio profissional. Aconteceu quando Erasístrato foi, durante alguns anos, médico da corte do imperador Persa Seleuco I Nicator, que em idade avançada, casara com a jovem e bela Estratonice. Preocupado com o estado de saúde do seu filho mais velho, Antíoco I Soter, Seleuco mandou Erasístrato descobrir a doença que o afectava, já que, até então, nenhum dos outros médicos fora bem-sucedido. Depois de excluir as moléstias orgânicas, Erasístrato suspeitou que fosse um problema psíquico a causa do comportamento ensimesmado do Antíoco. As suspeitas revelaram-se certas, ao verificar que, somente na presença da madrasta, Antíoco ficava com a pele mais quente e vermelha, enquanto as palpitações aceleravam. Erasístrato concluiu que a doença de Antíoco era motivada pela sua paixão por Estratonice. O monarca, informado do diagnóstico que, como Erasístrato lhe referiu, não tinha cura, concedeu que os jovens casassem, como terapêutica definitiva. Resta acrescentar que o episódio granjeou grande fama e proveito pecuniário a Erasístrato pela cura conseguida (Smith,1846,42-3).

Galeno diferenciou duas escolas, uma representada pelos seguidores de Erasístrato, sendo a outra a dos que se lhe opunham, em que ele próprio se incluía (Galen,1956,176). Para a primeira daquelas escolas, o pulso resultava, como se disse, do transporte do *pneuma*, atraído dos pulmões para o ventrículo esquerdo em cada diástole cardíaca e, depois, para as artérias (Furley,1984,28; Ball,1910,23). A segunda escola, com Herófilo, atribuía a pulsação à actividade cardíaca (Ball,1910,23,25), transmitida através das túnicas arteriais (Furley,1984,31; Galen,1956,199). Assim, em oposição a Erasístrato e de acordo com a opinião de Herófilo, Galeno acreditava que as artérias se dilatavam e contraíam por estarem conectadas com o coração, pelo que os seus movimentos se assemelhariam aos deste órgão; as artérias não pulsavam por serem replectas pelo coração mas por se distenderem, pelo que seria um estímulo emanado do coração ao longo das paredes arteriais que as fazia contrair (Siegel,1967,118).

Embora seguisse a interpretação de Galeno, Avicena terá sido o primeiro a explicar a pulsação como uma sequência intermitente de dois movimentos (sístole) e duas pausas (diástole), em que as pausas intercalariam movimentos alternados de expansão e contracção (Avicena,1973,283). Segundo as suas palavras, *"o pulso é um movimento no interior do coração e das artérias (os receptáculos do espírito), sob a forma alternada de expansão e contracção, de modo a que o espírito fique sujeito à influência do ar inspirado*" (Avicena, 1973,283).

Assim como Galeno (Furley,1984,140,142,167-73,179-81), Vesálio entendia que a pulsação era transmitida pelo coração através das túnicas arteriais (Harris,1973,382).Por seu turno, o poder de sucção arterial resultante da pulsação estaria na origem do fluxo sanguíneo vascular (Lambert,1936a,388). Em outra referência, Vesálio confirmou que a pulsação não se devia à artéria nem ao material que continha mas à força do coração (Lambert,1936b,359), o que era também a opinião de Gibson (Gibson,1697,287-8).

Cesalpino defendia que a pulsação estava associada à dinâmica cardíaca, em que a sístole ventricular e a dilatação arterial ocorriam simultaneamente; a era, também, diferente durante o sono e no estado vígil (Foster,1901,33-5); o coração e as artérias não se dilatavam nem contraíam em simultâneo, como poderia parecer; quando o coração se contraía, as artérias dilatavam-se, e quando se dilatava, estas contraíam-se; deste modo, a sístole cardíaca ejectava o sangue nas artérias, dilatando-as, mas sem que o coração fosse reconhecido como bomba propulsora (Prioreschi, 2004,385).

Harvey esclareceu a questão, ao comprovar, *in vivo*, que o pulso resultava do fluxo de sangue impelido continuamente pelo coração (Harvey,2016,10-1,23,93). Posteriormente, von Haller propôs que a pulsação resultaria da contracção cardíaca e, também, da distensibilidade das paredes arteriais (von Haller,1757,34-5).

4.8-Duração do circuito sanguíneo

Antes de concluir o livro, DM tentou calcular o tempo que o sangue levaria desde que sai do coração e volta, bem como o número de vezes que passava no coração em determinado período. Pelo que então se sabia, existiam grandes diferenças no tempo de passagem do sangue pelo coração (entre uma e vinte e quatro vezes por hora). Perante tal desacerto, DM, partiu do pressuposto de que no coração só caberiam duas onças[110] de sangue, e que a massa total do sangue corporal pesaria vinte e cinco libras.

Acolhendo a que o coração *"bate ordinariamente setenta vezes em um minuto, não havendo alterações de saúde"* (*p. 61*) estimou que passariam pelo coração 7 200 onças /hora, o que, sendo uma libra igual a doze ondas, equivalia a seiscentas libras (1 libra=12 onças), ou seja, vinte e quatro vezes a massa total do sangue corporal. Por conseguinte, todo o sangue passaria pelo coração vinte e quatro

---

[110] A a onça (farmacêutica, utilizada por Harvey nos seus cálculos) é de 31.1034768 g, ou a 28.34952 g (no sistema *avoirdupois*) enquanto libra (farmacêutica) equivale a 373 g, ou a 453 g, (no sistema *avoirdupois*).

vezes por hora, ou uma vez em cada dois minutos e meio. Esse valor aumentaria com a febre, até cento e cinquenta de frequência de pulso, que Lieutaud[111] considerava o máximo tolerado. Devido a esta velocidade, alguns remédios percorreriam todo o corpo em dois minutos e meio.

Comentário 22

DM seguiu a metodologia de Harvey para calcular a duração de um circuito completo do sangue pelo sistema cardiovascular, bem como o número de vezes por unidade de tempo e a volemia em circulação (Harvey,2016, 51-3). A diferença é que Harvey visava demonstrar a impossibilidade de o organismo formar tanta quantidade de sangue em tão pouco tempo, concluindo que sistema circulatório utilizava um volume constante em movimento continuo no coração e nos mesmos segmentos vasculares. Por outro lado, as quantidades estimadas eram arbitrárias ou obtidas experimentalmente, o que, nos humanos, somente fora verificado pela quantidade de sangue contido no ventrículo esquerdo de um cadáver (Harvey.2016,52).

---

[111] Joseph Lieutaud (1703-1780). Médico e anatomista Francês. Membro da *Académie Royale des Sciences* e médico principal de Louis XV. Autor de vários tratados, em particular *"Éssaies Anatomiques"* (que, pela sua originalidade, obteve grande popularidade entre os anatomistas da época) e *"Traité de Médecine Pratique"*.

Os cálculos de DM, utilizando valores pressupostos ou arbitrários, estabeleceram que a volemia humana seria de doze litros e meio litros, ou seja, mais do dobro do valor real, que é de cinco litros, igual também à quantidade do débito cardíaco/minuto (Guyton,2006,244-5, 293).

4.9-Conclusão

Com dispensa de outras considerações, conclui-se a análise da obra intitulada *"Instrucçaõ Breve sobre a Circulaçam do Sangue"* com o seu próprio resumo, de que se inclui o excerto original em grafia da época:

"Circulação he o movimento que o sangue faz quando he levado do coração a todas as extremidades do corpo por meio de artérias, e se recolhe destas extremidades ao coração por meio de vêas. O sangue sahe do coração quando este se aperta e espreme para fora o mesmo sangue que tem nos seus dous Ventrículos, ou cavidades. Esta compressão se chama Systole. Porèm, quando o sangue entra nestes Ventrículos, incha o coração e esta dilatação se chama Diastole. Do Ventrículo esquerdo sahe o sangue pela Aorta, e correndo por todas as artérias até as extremidades do corpo se mete nos últimos ramos das vêas, das quaes passando para os ramos maiores até cahir nos dous troncos da vêa cava superior, e da vêa cava inferior entra no Ventrículo direito do coração no

Diastole; mas logo no Systole imediato sahe daquele Ventrículo pela artéria Pulmonar, e depois de hido por esta regar os bofes, até cahir nos ramos da vêa Pulmonar, entra por esta no Ventrículo esquerdo no Diastole: deste Ventriculo sahe no Systole seguinte pela Aorta, como se explicou" (pp.63-4).

BIBLIOGRAFIA

Abreu JLN. "Nos Domínios do Corpo. O saber médico luso-brasileiro no século XVIII". Rio de Janeiro: Editora Fiocruz, 2011.

Aird HC. Discovery of the cardiovascular system: from Galen to William Harvey. Thromb Haemost, 2011; 9 (Suppl. 1): 118–29.

Anderson RH, Ho SY, Redmann K, Sanchez-Quintana D, Lunkenheimer PP. The anatomical arrangement of the myocardial cells making up the ventricular mass. Eur J Cardiothorac Surg, 2005; 28:517-25.

Anderson RM. "The Gross Physiology of the Cardiovascular System". 2nd ed. Tucson, AZ: Racquet Press, 1993.

Andrade AA- "Vernei e a Cultura do seu Tempo". Acta Universitatis Conimbricensis. Coimbra: Imprensa de Coimbra, 1966.

Anrep GV. "Lane Mediccal Lectures Studies on Cardiovascular Regulation". Stanford: Stanford University Press, 1936.

Aristotle. "Parts of Animals, Movements of Animals, Progression of Animals". Translated by AL Peck, ES Forster; Introdution by FHA Marshall. Cambridge, MA: Harvard University Press, 1961.

Avicena. "The Canon of Medicine of Avicenna". New York: AMS Press, 1973.

Bainton RH. The smaller circulation: Servetus and Colombo. Sudh Arch Gesch Med, 1931; 24: 371-4.

Ball JM. "Andreas Vesalius, the Reformer of Anatomy". Saint Louis: Medical Science Press, 1910.

Barbara JG, Clarac F. Historical concepts on the relations between nerves and muscles. Brain Res, 2011; 1409:3-22.

Baskurt OK, Meiselman HJ. Blood rheology and hemodynamics. Semin Thromb Hemost, 2003; 29:435-50.

Bayon HP. The significance of the demonstration of the Harveyan circulation by experimental tests. Isis, 1941; 33: 443-53.

Betts JG. "Anatomy & Physiology". Houston: OpenStax Rice University, 2016.

Bichat X."Anatomie Générale, Apliquée a la Physiologie et à la Médicine". Volume 2. Paris: Brosson, 1812.

Bolton R. The origins of Aristotle's natural teleology in Physics II. In: "Aristotles Physics. A critical Guide". M Leunissen (Ed). Cambridge: Cambridge University Press, 2015, pp.121-43.

Boon B. Leonardo da Vinci on atherosclerosis and the function of the sinuses of Valsalva. Netherl Heart J, 2009; 17:496-9.

Borysenko M, Beringer T. "Functional Histology". Boston: Little, Brown and Company, 1984.

Boullin J, Morgan JM. The development of cardiac rhythm. Heart, 2005; 91: 874-5.

Boyle R. "A Disquisition about the Final Causes of Natural Things". London: John Caploz, 1688.

Boyle R. "Some Considerations Touching the Usefulness of Experimental Natural Philosophy". 2nd ed. Oxford: Printed by Hen. Hall, 1664.

Breasted JH. "The Edwin Smith Surgical Papyrus". Volume I. Chicago: University Chicago Press, 1930.

Bryan CP. "The Papirus Ebers". Translated by the editor. London: Geoffrey Bles, 1930.

Campenot RB. "Animal Electricity". Cambridge: Harvard University Press, 2016.

Cheng A, Nguyen TC, Malinowski M, Daughters GT, Miller DC, et al. Heterogeneity of left ventricular wall thickening mechanisms. Circulation, 2008; 118:713-21.

Cheng TO. Hippocrates and cardiology. Am J Cardiol, 2001; 141:173-83.

Christoffels VM, Smits GJ, Kispert A, Moorman AF. Development of the pacemaker tissues of the heart. Circ Res, 2010; 106:240-54.

Cobb M. Exorcizing the animal spirits: Jan Swammerdam on nerve function. Nat Rev Neurosci, 2002; 3: 395-400.

Comroe JH Jr. Harvey's 1651 perfusion of the pulmonary circulation of man. Circulation. 1982; 65:1-3.

Cooke J. "A Treatise on Nervous System". Volume I. London: Printed for Longman, Hurst, Rees, Orme, and Brown, 1820.

Correia, JM. "Tractado Physiologico-Medico-Phisico, Chirurgico, e Anathomico da Circulaçam do Sangue"- Porto: Officina de Francisco Mendes Lima, 1761.

Cournand A. Air and blood. In: "Circulation of the Blood. Men and Ideas". AP Fishman, DW Richards (Eds). New York: Oxford University Press, 1964, pp.3-70.

Coxe JR. "The Writings of Hippocrates and Galen" Philadelphia: Lindsay & Blakiston, 1846.

Craik EM. "The Hippocratic Corpus. Content and Context". London: Routledge, Taylor &Francis Group, 2015.

Crivellato E, Mallardi F, Ribatti D. Diogenes of Apollonia: a pioneer in vascular anatomy. Anat Rec B New Anat, 2006; 289:116-20.

Croone W."On the Reason of the Movement of the Muscles". Volume 1. Translated of the "De Ratione Motus Musculorum" by P Maquet; Introdution by M Nayler. Philadelphia: Transactions of the American Philosophical Society, 2000.

Daremberg Ch. "Œuvres Anatomiques et Physiologiques et Médicales de Galien". Tome Premier. Paris : JB Baillière, 1854.

Davies PF. Flow-mediated endothelial mechanotransduction. Physiol Rev, 1995; 75: 519–60.

De Bold AJ, Bruneau BG, Kuroski de Bold ML. Mechanical and neuroendocrine regulation of the endocrine heart. Cardiovasc Res, 1996; 31: 7-18.

DeGroff CG, Thornburg BL, Pentecost JO, Thornburg KL, Gharib M, et al. Flow in the early embryonic human heart: a numerical study. Pediatr Cardiol, 2003; 24:375-80.

Descartes R."Treatise of Man". Translated by S Hall. Amherst, NY: Prometheus Books, 2003.

Dias, José Sebastião da Silva. "Portugal e a Cultura Europeia (séc. XVI a XVIII), Introdução e coordenação de Manuel Augusto Rodrigues. Porto: Campo das Letras, 2006.

Diogenes Laërtius, viii. 12, 14, 32.In: "Diogenes Laertius, Lives of Eminent Philosophers". Translated by RD Hicks. Cambridge: Harvard University Press, 1972 (First published 1925). Perseus Digital Library. GR Crane (Editor-in-Chief). Tufts University.
Consultado em 3/Março/2017:
http://www.perseus.tufts.edu/hopper/text?doc=Perseus%3Atext%3A1999.01.0258%3Abook%3D8%3Achapter%3D1

Dobson JF. Erasistratus. Proc R Soc Med, 1927; 20:825-32.

Dobson JF. Herophilus of Alexandria. Proc R Soc Med, 1925; 18:19-32

Donaldson IML. The Treatise of man (De homine) by René Descartes. R Coll Physicians Edinb, 2009; 39:375–6.

Etmullerus M. "Etmullerus abridg'd: or, a Compleat System of the Theory and Practice of Physic", 2nd edition, corrected. London: Andrew Bell & Richard Wellington, 1703.

Fernel J."The "Physiologia" of Jean Fernel (1567)". Translated with annotations by JM Forrester; Introduction by J Henry e JM Forrester. Philadelphia: American Philosophical Society, 2003.

Finkelstein G. M. du Bois-Reymond goes to Paris. Br J Hist Sci, 2003; 36:261-300.

Fleming D. William Harvey and the pulmonary circulation. Isis, 1955; 46:319-27.

Foster M. "Lectures on the History of Physiology during the Sixteenth, Seventeenth and Eighteenth Centuries". Cambridge: Cambridge University Press, 1901.

Fournier M. The book of nature: Jan Swammerdam's microscopical investigations. Tractrix, 1990; 2: 1-24.

Frada J, Botelho M. Os medalhões da Faculdade de Medicina de Lisboa. Acta Méd Port, 1995; 8:385-91.

Franklin KJ. Valves in the veins—an historical survey. Proc R Soc Med, 1927; 21: 1–33.

French RK. The thorax in history. 6. Circulation of the blood. Thorax, 1978; 33:714-27.

Fuchs T. "The Mechanization of the Heart: Harvey and Descartes". Translated by M Grene. New York: The University of Rochester Press, 2001.

Furley DJ, Wilkie JS. "Galen: On the Respiration and the Arteries". Princeton: Princeton University Press, 1984.

Furst B. "The Heart and Circulation: an Integrative Model". London: Springer-Verlag, 2014.

Furst B. The heart: pressure-propulsion pump or organ of impedance? J Cardioth Vasc Anesth, 2015; 29:1688–1701.

Fye WB: The origin of the heart beat: A tale of frogs, jellyfish and turtles. Circulation, 1987; 76,493-500.

Galen. "On Anatomical Procedures". Translation and Introduction, with commentaries and annotations by C Singer. Oxford: Oxford University Press, 1956.

Galen. "On the Natural Faculties". Translated by AJ Brock. Cambridge (MA): Harvard University Press, 1916.

Galen. "On the Usefulness of the Parts of the Body". Volume I. Translated from Greek, with introduction and commentaries by MT May, Ithaca, New York: Cornell University Press, 1968.

Galen. "On the Usefulness of the Parts of the Body". Volume II. Translated from Greek, with introduction and commentaries by MT May, Ithaca, New York: Cornell University Press, 1968.

Galien. "Oeuvres Médicales Choisis I. De l'Utilité des Parties du Corps Humain". Traduction de C. Daremberg. Paris: Editions Gallimard, 1994.

Gao Y, Cornfield DN, Stenmark KR, Thébaud B, Abman SH, et al. Unique aspects of the developing lung circulation: structural development and regulation of vasomotor tone. Pulm Circ, 2016; 6:407-25.

Gao Y, Raj JU. Regulation of the pulmonary circulation in the fetus and newborn. Physiol Rev, 2010; 90:1291-335.

Ghasemzadeh N, Zafari AM. A brief journey into the history of the arterial pulse. Cardiol Res Pract, 2011; 2011:164832.

Gibson T. "The Anatomy of Humane Bodies Epitomized". London: Printed by T. W. for Awnsham and John Churchill, and sold by Timothy Childe, 1697.

Giglioni G. What ever happened to Francis Glisson? Albrecht Haller and the fate of eighteenth-century Irritability. Sci Context, 2008; 21, 465–93.

Gilder SSB. The writings of Michael Servetus. Can Med Assoc J, 1954; 70:689–90.

Glisson F, Bate G, Regemorter A. "A Treatise of the Rickets: Being a Disease common to children". Translated by Phil Armin. London: Printing-Press, 1651.

Glynn I. "Elegance in Science". Oxford: Oxford University Press, 2010,

Glynn, I. Two millenia of animal spirits. Nature, 1999; 402: 353

Goenezen S, Rennie MY, Rugonyi S. Biomechanics of early cardiac development. Biomech Model Mechanobiol, 2012; 11:1187-204.

Goss CM. On movement of muscles by Galen of Pergamon. Am J Anat, 1968; 123:1-26.

Granger HJ. Cardiovascular physiology in the twentieth century: great strides and missed opportunities. Am J Physiol, 1998; 275:H1925-36.

Greenbaum RA, Yen Ho S, Gibson DG, Becker AE, Anderson RH. Left ventricular fibre architecture in man. Br Heart J, 1981; 45: 248-63

Guerrini A. Ether madness: Newtonianism, religion, and insanity in eighteenth century England. In: "Action and Reaction: Proceedings of a Symposium to Commemorate the Tercentenay of Newton' Principia". PH Theerman, AF Seeff (Eds). Newark: University of Delaware Press, 1993.

Guillaume Libri. «Histoire des Sciences Mathématiques en Italie, Depuis la Renaissance des Lettres jusqu'à la fin du XVIIe Siècle ». Tome 3. Paris: Jules Renouard et Cie, Libraires, 1840.

Guyton AC, Hall JE. "Textbook of Medical Physiology", 11 th Ed. Philadelphia: Elsevier Inc, 2006.

H. Lombaert, J.-M. Peyrat, L. Fanton, F. Cheriet, H. Delingette, et al. Variability of the human cardiac laminar structure. Proceedings of STACOM Workshop at MICCAI, 2011.

Haack T, Abdelilah-Seyfried S. The force within: endocardial development, mechanotransduction and signalling during cardiac morphogenesis. Development, 2016; 143:373-86.

Haddad S, Khairallah AA. A forgotten chapter in the history of the circulation of the blood. Ann Surg, 1936; 104:1-8.

Haigh E. Irritability and sensibility: the forces of life. In: "Xavier Bichat and the Medical Theory of the Eighteenth Century (Medical history supplement no 4)". London: Wellcome Institute for the History of Medicine, 1984, 47 –65.

Hajar R. The Greco-Islamic pulse". Heart Views, 1999; 1: 136–40.

Hales S. "Statistical Essays: Containing Haemostaticks".Vol. 2 London: W&J Innys, 1727.

Harrington KB, Rodriquez F, Cheng A, Langer F, Ashikaga H,et al. Direct measurement of transmural laminar architecture in the anterolateral wall of the ovine left ventricle: new implications for wall thickening mechanics. Am J Physiol Heart Circ Physiol, 2005; 288:H1324–H30.

Harris CRS. "The Heart and Vascular System in Ancient Greek Medicine. From Alcmaeon to Galen". Oxford: Oxford University Press, 1973.

Harvey W. "On the Motion of the Heart and Blood in Animals". J A Carty (ed). Translated by R Willis. Eugene: Resource Publications, 2016.

Helmreich S. Potential energy and the body electric cardiac waves, brain waves, and the making of quantities into qualities. Curr Anthrop, 2013; 54:S139-48.

Henry J. Medicine and pneumatology: Henry More, Richard Baxter, and Francis Glisson's Treatise on the Energetic Nature of Substance. Med Hist, 1987; 31: 15–40.

Heymann MA. Control of the pulmonary circulation in the fetus and during the transitional period to air breathing. Obstet Gynecol, 1999; 84: 127-32.

Hierons R, Meyer A. Willis's place in the history of muscle physiology. Proc R Soc Med, 1964; 57:687-92.

Hippocrates. "Hippocrates". Translated by WHS Jones. Volume I. London: William Heinemann LTD, 1957.

Hippocrates. "Hippocratic Writings ". Introdução de CER Lloyd (Ed). Translated by J Chadwick, WN Mann. London: Penguin Books, 1978.

Hirota A, Fujii S, Kamino K. Optical monitoring of spontaneous electrical activity of 8-somite embryonic chick heart. Jpn J Physiol, 1979; 29:635–9.

Hoizey D, Hoizey MJ. "A History of Chinese Medicine". Translated by P. Bailey. Edinburgh: Edinburgh University Press, 1988.

Hooks DA, Trew ML, Caldwell BJ, Sands GB, LeGrice IJ, et al. Laminar arrangement of ventricular myocytes influences electrical behavior of the heart. Circ Res, 2007; 101:e103-12.

Hove JR. Quantifying cardiovascular flow dynamics during early development. Pediatr Res, 2006; 60:6-13.

Hu N, Clark EB. Hemodynamics of the stage 12 to stage 29 chick embryo. Circulation, 1989; 65:1665-70.

Huang Di. "Huang Di nei jing su wen". An Annotated Translation of Huang Di's Inner Classic – Basic Questions, Volume I. Translated by PU Unschuld and H Tessenow, in collaboration with Z Jinsheng. Berkeley: University of California Press, 2011.

Infusino MH, Win D, O'Neill YV. Mondino's book and the human body. Vesalius, 1995; I: 71 – 6.

Ishizuka H. 'Fibre Body': The concept of fibre in eighteenth-century medicine, c.1700–40. Med Hist, 2012; 56: 562-84.

Izquierdo JJ. On Spanish neglect of Harvey's "De Motu Cordis" for three centuries, and how it was finally made known to Spain and Spanish-speaking countries. J Hist Med Allied Sci, 1948; 3:105-24.

Jones EAV. The initiation of blood flow and flow induced events in early vascular development. Semin Cell Dev Biol, 2011; 22:1028-35.

Katz AM. "Physiology of the Heart".5th Edition. Philadelphia: Lippincott Williams&Wilkins, 2011.

Kau T, Sinzig M, Gasser J, Lesnik G, Rabitsch E, et al. Aortic development and anomalies. Semin Interv Radiol, 2007; 24:141-52.

Keele KD. Leonardo da Vinci, and the movement of the heart. Proc R Soc Med, 1951; 44:209-13.

Keith A, Flack M. The form and nature of the muscular connections between the primary divisions of the vertebrate heart. J Anat Physiol, 1907; 41:172-89.

Kemp M. "Leonardo da Vinci: experience, experiment and design". London: V6A Publications, 2007.

Kiserud T. Physiology of the fetal circulation. Semin Fetal Neonatal Med, 2005 10: 493-503.

Klabunde. "Cardiovascular Physiology Concepts". Baltimore, MD: Lippincott Williams & Wilkins, 2012.

Knower H. Effects of early removal of the heart and arrest of the circulation on the development of frog embryos. Anat Rec, 1907; 1: 161–5.

Koehler PJ. Neuroscience in the work of Boerhaave and Haller. In: "Brain, Mind, and Medicine: Essays in Eighteenth Century Neuroscience". H Whitaker, CUM Smith, S Finger (Eds).Springer, 2007, 213-32.

La Mettrie JO. "L'Homme Machine". Paris : F. Henry, 1865.

Lambert SW. The physiology of Vesalius. Bull N Y Acad Med, 1936a; 12:387-415.

Lambert SW. A reading from Vesalius and the physiology of Vesalius . (Translated from "Andreae Vesalii, De Corporis Humani

Fabrica- liber VII de vivorum sectione nonnulla caput XIX"). Bull N Y Acad Med, 1936b; 12: 346–86.

Leeuwenhoek A. Microscopical observations of Mr Leewenhoek concerning the optic nerve, communicated to the publisher in Dutch, and by him made English. Phil Trans, 1675; 10: 378-80.

Leeuwenhoek A. Observations upon the membraned enclosing the fasciculi of fibres, in which a muscle is divided. By Mr Leeuwenhoek, FRS. Translated by Dr Sprengell, FRS. Phil Trans, 1720-1721; 31: 129-34.

Leibowitz JO. Early accounts of the valves of the veins. J Hist Med, 1957;80:189-96.

Lemos Júnior M. "A Medicina em Portugal até ao Século XVIII: (tentativa histórica) ". Dissertação Inaugural, Escola Médico-Cirúrgica do Porto. Porto: Imprensa Comercial, 1881.

Lemos M. "Amato Lusitano, a sua Vida e a sua Obra". Porto: Eduardo Tavares Martins, 1907.

Lennox J. William Harvey's experiments and conceptual innovation. Medicina & Storia, 2006: 5-27.

Leonardo da Vinci. "Leonardo on the Human Body". Translation text and Introduction by CD O' Malley, JB de CM Saunders. New York: Dover Publications, Inc, 1952.

LeWinter MM, Tischler MD. Pericardial diseases. In: "Braunwald's Heart Disease: A Textbook of Cardiovascular Medicine", 9th ed. RO Bonow, DL Mann, DP Zipes, P Libby, E Braunwald E (Eds). Philadelphia: Elsevier; 2012, pp.1651-2.

Little WC, Freeman GL. Pericardial disease. Circulation, 2006; 113:1622-32.

Liu A, Nickerson A, Troyer A, Yin X, Cary R, et al. Quantifying blood flow and wall shear stresses in the outflow tract of chick embryonic hearts. Comput Struct, 2011; 89:855-67.

Londinensis. "Medical Writings". WHS Jones (Ed) Cambridge: Cambridge University Press, 1947.

Lonie IM. Hippocrates the iatromechanist. Med Hist, 1981; 25: 113-50.

Loukas M. Great Vessels. In: "Gray's Anatomy: the Anatomical Basis of Clinical Practice". 41st Ed. S Standring (Ed-in-chief). London: Churchill Livingstone, 2016, pp. 994-1023.

Loukas M.Heart. In: "Gray's Anatomy: the Anatomical Basis of Clinical Practice". 41st Ed. S Standring (Ed-in-chief). London: Churchill Livingstone, 2016, 1024-32.

Lowe GDO. Thrombois and hemorheology. In: "Clinical Hamorheology". S Chien, J Dormandy, E Ernst, A Matrai (Eds).Dordrecht: Martinus Nijhoff Publishers, 1987, pp.194-226.

Lyons AS. Ancient China. In: "Medicine: An Illustrated History". AS Lyons, RJ W Petrucelli II (Ed). New York: Abrandale Press, Harry N Abrams, Inc, 1987, pp.121-49.

Mackall LL. A manuscript of the "Christianismi Restitutio" of Servetus, placing the discovery of the pulmonary circulation anterior to 1546. Proc R Soc Med, 1924; 17 (Sect Hist Med):35-8.

Magendie F. "Phénomènes Physiques de la Vie". Volume 2. Paris : Crochard & Cie, 1839.

Majkut S, Idema T, Swift J, Krieger C, Liu A, et al. Heart-specific stiffening in early embryos parallels matrix and myosin expression to optimize beating. Curr Biol, 2013; 23:2434-9.

Malpighi M. An account of some discoveries concerning the brain, and the tongue, made by signior Malpighi, Professor of Physick in Sicily. Phil Trans R Soc, 1666; 2: 491–492

Malpighi M. An extract of a Latin letter, written by the learned Signior Malpighi to the publisher, concerning some anatomicalo, about the structure of the lungs of froggst, & c. and perfecter animals; as also the texture of the spleen, & c. Phil Trans, 1671; 6: 2149-50.

Mangoni ME, Nargeot J. Genesis and regulation of the heart automaticity. Physiol Rev, 2008; 88:919–982.

Marinelli R, Furst B, van der Zee H, McGinn A, Marinelli W. The heart is not a pump: a refutation of the pressure propulsion premise of heart function. Front Perspect 1995; 5. Consultado em 7/Agosto/2017: http://www.rsarchive.org/RelArtic/Marinelli/

Martin J, Eimas R. William Harvey and the circulation of the blood". Books at Iowa, 1991; 55: 5-23.

Martins e Silva J. Leonardo Da Vinci e as primeiras observações hemodinâmicas. Rev Port Cardiol, 2008; 27:243-72.

Mayow J. "Medico-Physical Works". Translated from "Tractatus quinque medico-physici". Edinburgh: Alembic Club, 1907.

McCurdy E. "Leonardo Da Vinci's Note-Books. Arranged and Rendered Into English with Introductions". New York: Empire State Book Company, 1923.

McMullen ET. Anatomy of a physiological discovery: William Harvey and the circulation of the blood. J R Soc Med, 1995; 88:491-8.

Melro P. Os estudos médicos e o (des) conhecimento sobre o corpo no Setecentos português. Dimensões, 2015; 34: 50-68.

Meyerhof M. Ibn An-Nafîs (XIIIth Cent.) and his theory of the lesser circulation. Isis, 1935; 23: 100-20.

Miniaci G, La Niece S, Guerra MF, Hacke M. Analytical study of the first royal Egyptian heart-scarab, attributed to a seventeenth dynasty king, Sobekemsaf. Brit Museum Tech Res Bull, 2013; 7:53-60.

Mitchel JR. Is the heart a pressure or flow generator? Possible implications and suggestions for cardiovascular pedagogy. Adv Physiol Educ, 2015; 39: 242-7.

Monteiro MC. A Companhia de Jesus face ao espírito moderno (2ª Parte). Millenium, nº 26, Julho de 2002, pp. 204-25.

Morus IR. Galvanic cultures: electricity and life in the early nineteenth century. Endeavour, 1998; 22:7-11.

Mowry B. From Galen's theory to William Harvey's theory: a case study in the rationality of scientific theory change. Stud Hist Phil Sci, 1985; 16:49-82.

Murray CD. The physiological principle of minimum work: I. The vascular system and the cost of blood volume. Proc Natl Acad Sci U S A, 1926; 12:207-14.

Neves H. "O livro de Bernardo Santucci, e a Anatomia Corporis Humani de Verheyen: contribuição para o estudo da obra do anatómico cortonense".Arq Anat Antrop, 1926; X:315-46.

Nunn JF. "Ancient Egyptian Medicine". Norman: University of Oklahoma Press, 1996.

O'Malley CD. "Andreas Vesalius of Brussels, 1514-1564". Berkeley and Los Angeles: University of California Press, 1964.

O'Connor JPB. Thomas Willis and the background to Cerebri Anatome. J R Soc Med, 2003; 96: 139–43.

Ogawa T, de Bold AJ. The heart as an endocrine organ. Endocr Connect, 2014; 3: R31-44.

Osler W. Harvey and his discovery (The Harveian Oration, delivered at the Royal College of Physicians, London, October 18, 1906). In: "An Alabama Student and Other Biographical Essays". New York: Oxford University Press, 1908.

Pagel W. "William Harvey's Biological Ideas: Selected Aspects and Historical Background", New York: S. Karger, 1967.

Pettigrew JB. "Design in Nature". Volume 2. London: Longmans, Green, and Co, 1908.

Piccolino M, Bresadola M."Shocking Frogs: Galvani, Volta, and the Electric Origins of Neuroscience". Oxford: Oxford University Press, 2013.

Piccolino M. Luigi Galvani and animal electricity: two centuries after the foundation of electrophysiology. Trends Neurosci, 1997; 20:443-8.

Pliny the Elder. "The Natural History". Volume 11.J Bostock, H.T. Riley (Eds). Perseus Digital Library.London: Taylor and Francis, 1855.Consultado em 24/junho/2017:
http://www.perseus.tufts.edu/hopper/text?doc=Perseus%3Atext%3A1999.02.0137%3Abook%3D11%3Achapter%3D89

Poelma C, Van der Heiden K, Hierck BP, Poelmann RE, Westerweel J. Measurements of the wall shear stress distribution in the outflow tract of an embryonic chicken heart. J R Soc Interface, 2010; 7:91-103.

Prioreschi P. Andrea Cesalpino et la circulation sanguine. Ann Pharm Fr, 2004; 62:382-400.

Prioreschi P. Determinants of the revival of dissection of the human body in the Middle Ages. Med Hypoth, 2001; 56: 229-34.

Pugsley MK, Tabrizchi R. The vascular system. An overview of structure and function. J Pharmacol Toxicol Meth, 2000; 44 333-40.

Puyan N. Ibn al- Nafïs and Servetus laid the foundation of circulation of the blood and Harvey discovered it. Merit Res J Med Med Sci, 2015; 3:202-9.

Rasanen J, Wood DC, Debbs RH, Cohen J, Weiner S, et al. Reactivity of the human fetal pulmonary circulation to maternal hyperoxygenation increases during the second half of pregnancy: a randomized study. Circulation, 1998; 97: 257-62.

Rengachary SS, Colen C, Dass K, Guthikonda M. Development of anatomic science in the late middle ages: the roles played by

Mondino de Liuzzi and Guido da Vigevano. Neurosurgery, 2009; 65:787-93.

Robicsek F. Leonardo da Vinci and the sinuses of Valsalva. Ann Thorac Surg, 1991; 52:328-35.

Rodbard S. The heart scarab of the ancient Egyptians. Am Heart J, 1953; 45:918-24.

Rudolph AM. Fetal and neonatal pulmonary circulation. Annu Rev Physiol, 1979; 41: 383-95. 1979.

Saba MM, Ventura HO, Saleh M, Mehra MR. Ancient Egyptian medicine and the concept of heart failure. J Cardiol Fail, 2006; 12:416-21.

Sanchez GM, Meltzer ES. "Edwin Smith Papyrus: Updated Translation of the Trauma Treatise and Modern Medical Commentaries". Atlanta, GA: Lockwood Press, 2012.

Sánchez-Quintana D, Yen Ho S. Anatomy of cardiac nodes and atrioventricular specialized conduction system Rev Esp Cardiol, 2003; 56:1085-92.

Santing C. For the life of a creature is in the blood' (Leviticus 17:11). Some considerations on blood as the source of life in sixteenth-century religion and medicine and their interconnections. In: "Blood, Sweat and Tears: The Changing Concepts of Physiology from Antiquity into Early Modern Europe", M Horstmanshoff, H King, C Zittel (Eds). Leiden: Brill, 2012, pp.415–441.

Schultz SG. William Harvey and the circulation of the blood: the birth of a scientific revolution and modern physiology. News Physiol Sci, 2002; 17:175-80.

Schwann T. "Microscopical Researches into the Accordance in the Structure and Growth of Animals and Plants". Translated by H Smith. The Sydenham Society. London: C & Adlar, 1847.

Scultetus AH, Villavicencio JL, Rich NM. Facts and fiction surrounding the discovery of the venous valves. J Vasc Surg, 2001; 33:435-41.

Secomb TW. Hemodynamics. Compr Physiol, 2016, 6:975–1003.

Sedmera D, Pexieder T, Rychterova V, Hu N, Clark EB. Remodeling of chick embryonic ventricular myoarchitecture under experimentally changed loading conditions. Anat Rec, 1999; 254:238–52.

Servetus M, O´Malley. "The Christianismi Restitutio"(i553).The description of the lesser circulation. A translation of his geographical, medical and astrological writings with introduction and notes by Charles Donald O' Malley. Philadelphia: Am Phil Soc, 1953.

Seyfarth E_A. Julius Bernstein (1839–1917): pioneer neurobiologist and biophysicist. Biol Cybern, 2006; 94: 2–8.

Shabetai R. "The Pericardium". Boston: Kluwer Academic Publishers, 2003.

Shehatha J, Taha AY. Ibn al-Nafis and the discovery of the pulmonary circulation and coronary blood flow. Bas J Surg, 2012; 18: 1-4.

Shoja MM, Agutter PS, Loukas M, Benninger B, Shokouhi G, et al..Leonardo da Vinci's studies of the heart. Int J Cardiol, 2013; 167:1126-33.

Siegel Re. Why Galen and Harvey did not compare the heart to a pump. Am J Cardiol, 1967; 20:117-21.

Silverman ME. Andreas Vesalius and De Humani Corporis Fabrica. Clin Cardiol, 1991; 14: 276-9.

Silverman ME. De Motu Cordis: the Lumleian Lecture of 1616: an imagined playlet concerning the discovery of the circulation of the blood by William Harvey. J R Soc Med, 2007; 100:199-204.

Singer C, Rabin C. "A Prelude to Modern Science: Being a Discussion of the History, Sources and Circumstances of the Tabulae Anatomicae Sex of Vesalius". Cambridge: Cambridge University Press, 1946.

Singer C. Medicine. In: "The Legacy oy Greece". RW Livingstone (ed). Oxford: Clarendon Press, 1921.

Smith CUM, Frixione E, Finger S, Clower W. "The Animal Spirit Doctrine and the Origins of Neurophysiology". Oxford: Oxford University Press, 2012.

Smith CUM. Understanding the nervous system in the 18th century. In: "History of Neurology". S. Finger, F Boller, KL Tyler (Eds). London: Elsevier BV, 2010,pp.107-15.

Smith W. "Dictionary of Greek and Roman Biography and Mythology". Vol 2. London: Taylor and Walton & J Murray, 1846.

Stahl GE. Réclamations défense et incations justificatives. In : "CEuvres Médico-Philosophiques et Pratiques". Volume II (3^e

Édition) Traduites et Commentés par T Blondin. L Boyer (Ed). Paris: J-B Baillière, 1863, pp.397-504.

Steckerl F. "The Fragments of Praxagoras of Cos and his School". Leiden: EJ Brill, 1958.

Steinke H. "Irritating Experiments: Haller's Concept and the European Controversy on Irritability and Sensitivity, 1750-90".Amsterdam-New York: Rodopi BV, 2005.

Steuer RO, Saunders JBCM. "Ancient Egyptian and Cnidian Medicine". Berkeley and Los Angeles: University of California Press, 1959.

Sushruta Samhita. "An English Translation of the Sushruta Samhita Based on Original Sanskrit Text". Edited and published by Kaviraj Kunja Lal Bhishagratna. Calcutta, 1911.

Swammerdam J. "The Book of Nature". Translated by T Flloyd. II. London: CG Seyffert, 1758.

Szent-Gyorgyi AG. The early history of the biochemistry of muscle contraction. J Gen Physiol, 2004; 123:631-41.

Temkin O. "The Double Face of Janus and Other Essays in the History of Medicine". Baltimore: The John Hopkins University Press, 1977.

Temkin O. Was Servetus influenced by Ibn an-Nafis? Bull Hist Med, 1940; 8:731–4.

Veintemilla JMR, de la Huerta y Vega FXM Salafranca JM, Puig LG. "Diario de los literatos de España", Tomo I. Madrid: Antonio Marin,1737.

Vesalius A. "On the Fabric of the Human Body". Volumes III,IV. Translated by "De Humanis Corporis Fabrica Libri Septem" por WF Richardson, colaboração de JB Carman. Novato: Norman Publishing Novato, California, 2002.

Vesalius A. "On the Fabric of the Human Body". Volumes VI, VII. Translated by WF Richardson, JB Carman. Novato: Norman Publishing Novato, California, 2009.

Volta A. Account of some discoveries made by Mr. Galvani, of Bologna; with experiments and observations on hem. In two letters from Mr. Alexander Volta, F. R. S. Professor of Natural Phitlosophy in the University of Pavia, to Mr. Tiberius Cavallo, F. R. S. Phil Trans R Soc Lond, 1793; 83 : 10-44.

Von Haller A. "A Dissertation on the Motion of the Blood, and on the Effects of Being". London: J. Whiston & B White, 1757.

Von Haller A. "First Lines of Physiology". Translated by W Cullen. Edinburgh: Printed for Bell & Bradfute, 1801.

Von Staden H. "Herophilus: The Art of Medicine in Early Alexandria". Cambridge: Cambridge University Press, 1989.

Von Staden H. The discovery of the body: human dissection and its cultural contexts in ancient Greece. Yale J Biol Med, 1992; 65:223-41.

Von Staden H: Experiment and experience in Hellenistic medicine. Bull Inst Class Stud, 1975; 22:178-199.

Weisbrod D, Khun SH, Bueno H, Peretz A, Attali B. Mechanisms underlying the cardiac pacemaker: the role of SK4 calciumactivated potassium channels. Acta Pharmacol Sin, 2016; 37:82-97.

Wenink ACG .Development of the human cardiac conducting system. J Anat, 1976; 121: 617-31.

West JB. "Essays on the History of Respiratory Physiology". Perspectives in Physiology, New York: Springer-Verlag, 2015.

West JB. Marcello Malpighi and the discovery of the pulmonary capillaries and alveoli. Am J Physiol Lung Cell Mol Physiol, 2013; 304: L383-90.

Whittaker ET. "A History of the Theories of Aether and Electricity: from the age of Descartes to the close of the nineteenth century". London: Longmans, Green, and Co, 1910.

Whitteridge G. "William Harvey und the Circulation of the Blood". New York American Elsevier, Inc. 1971.

Whytt R. "An Essay on the Vital and other Involuntary Motions of Animals". Edinburgh: Printed for John Balfour, 1751.

Williams D. Essays on the motive powers of the circulation of the blood. Edinburg Med Surg J, 1824; 21: 268-78.

Wilson LG. The problem of the discovery of the pulmonary circulation. J Hist Med Allied Sci, 1962; 17: 229-44.

Wilson LG. William Croone's theory of muscular contraction. Notes Rec Roy Soc Lond, 1961; 16: 158-78.

Winslow JB. "Exposition Anatomique de la Structure du corps Humain». Paris: Guillaume Desprez, Jean Desessartz, 1732.

Young J. Malpighi's "De Pulmonibus". Proc R Soc Med, 1929; 23: 1–11.

Yuqun L. "Traditional Chinese Medicine". Cambridge University Press, 2010.

Ziskind B, Halioua B. Concepts of the heart in Ancient Egypt. Med Sci (Paris), 2004; 20:367-73.

ÍNDICE REMISSIVO

A

abdómen, 32
acção, 31, 32, 52, 94, 96, 98, 103, 105, 108, 110, 111, 116, 125, 128, 130, 132, 135, 139, 159, 176, 181, 183, 193
activação, 119
actividade rítmica, 105, 136
Advertências, 16, 18, 36
afluxo, 158
Agrigento. *Escola médica*, 86, 146
Alcméon, 64, 110, 146, 148
Alessandro Volta, 131
Alexander Monro, 41, 42
Alexandre da Cunha, 28
Alexandria. *Escola médica*, 43, 76, 144, 148
alimentos, 42, 53, 65, 107, 150, 170
alma, 77, 108, 110, 111, 112, 115, 121, 124, 128, 129, 147, 156, 180
Almeloveen, 51
Amato Lusitano, 73, 217
Ambrósio, 55
amuleto, 145
anatomia, 15, 28, 34, 42, 43, 45, 51, 54, 56, 65, 68, 69, 71, 73, 74, 75, 76, 77, 83, 84, 85, 91, 101, 115, 118, 121, 130, 132, 138, 144, 146, 148, 151, 157, 159, 160, 164, 165, 166, 167, 181, 185, 188
Andreas Vesalius. Consulte *Vesálio*
angiologia, 52, 185, 187
Antiguidade Grega, 57, 142
Antlia Boyleana. Consulte *Robert Boyle*
aorta, 28, 30, 47, 81, 85, 89, 90, 91, 138, 139, 147, 158, 183, 187, 188, 190, 191, 192, 193
aórtica. *válvula*
apêndices. Consulte *aurículas*
aprendizes de Cirurgia, 26
ar, 43, 44, 47, 49, 64, 66, 86, 109, 122, 123, 127, 142, 147, 152, 156, 159, 166, 170, 183, 190, 191, 196, 199
arco reflexo, 114
Aristóteles, 15, 44, 54, 55, 57, 86, 147, 152, 162
artéria, 47, 65, 66, 67, 72, 80, 89, 150, 152, 154, 156, 158, 161, 169, 171, 174, 183, 184, 190, 192, 199, 203
artéria pulmonar, 47, 65, 66, 80, 89, 152, 154, 156, 158, 161, 170, 171, 174, 183, 184, 190
arterial. Consulte *sangue*
arterialização, 67
artérias, 28, 29, 31, 32, 34, 43, 46, 47, 52, 53, 55, 57, 60, 61, 62, 63, 64, 65, 66, 67, 68, 70, 71, 72, 76, 77, 78, 79, 81, 86, 90, 91, 92, 93, 94, 100, 103, 109, 111, 112, 128, 135, 138, 139, 144, 147, 148, 149, 153, 155, 158, 162, 164, 168, 169, 171, 176, 178, 182, 184, 186, 188, 189, 190, 191, 194, 196, 198, 199, 202
artérias coronárias, 185, 186
aurícula direita, 43, 87, 88, 183, 186, 187
aurículas, 81, 84, 85, 86, 87, 88, 89, 94, 95, 97, 99, 100, 105, 106, 119, 134, 168, 183, 187, 189
auriculoventriculares. Consulte *válvulas*
automatismo, 34, 105, 135
Avicena, 151, 152, 198, 205
axoplasma, 120

B

banda ventricular, 102
Barry, 37
base, 16, 62, 76, 79, 81, 84, 85, 86, 89, 93, 94, 97, 98, 99, 104, 121, 145, 150, 194
base cardíaca, 84
Bergerus, 79
bílis amarela, 52
bílis negra, 52
Boerhaave, 34, 125, 185, 216
bofes, 79, 203
bolbo raquidiano, 29
bomba, 49, 94, 103, 104, 105, 143, 149, 181, 196, 199
Borelli, 124

Bryan Robinson, 107
buraco oval, 189, 193

C

cabeça, 52, 86, 165
calor, 32, 44, 52, 68, 123, 127, 159, 164, 175, 177
calor inato, 44, 68, 123, 159, 175, 177
camadas, 70, 92, 98, 99, 111, 135
canal arterial. 190, 193
Canon Medicinae. Consulte *Avicena*
capilares, 28, 46, 63, 78, 153, 163, 164, 178, 182, 183, 184, 195
características nitrosulfurosas, 122
cardiomiócitos, 88, 105, 136
carótidas, 29, 30, 91
Cartesianismo, 118
cava. Consulte *veia*
cavidades, 46, 80, 81, 82, 87, 100, 112, 113, 202
células musculares estriadas. *miócitos*
cerebelo, 43, 125
cerebral, 111, 113
Cerebri Anatome. Consulte *Willis*
cérebro, 29, 41, 43, 53, 54, 87, 98, 107, 109, 110, 112, 114, 116, 117, 119, 121, 123, 124, 125, 128, 133, 156
Cesalpino, 138, 161, 162, 163, 164, 166, 178, 199, 222

Ch

Charles Estienne, 72
Christianismi Restitutio. Consulte *Miguel Serveto*

C

ciclo cardíaco, 36, 60, 72, 98, 109, 137, 158, 186
circuito, 63, 120, 140, 149, 164, 170, 174, 176, 182, 184, 186, 200, 201
circulação, 15, 16, 19, 23, 26, 27, 28, 31, 32, 33, 35, 37, 38, 39, 40, 42, 43, 46, 47, 50, 51, 55, 56, 57, 59, 60, 63, 76, 77, 90, 94, 101, 104, 111, 112, 113, 118, 121, 137, 138, 139, 140, 141, 143, 144, 145, 146, 148, 149, 150, 151, 153, 155, 156, 157, 158, 161, 162, 164, 166, 167, 169, 171, 172, 174, 175, 176, 178, 180, 182, 183, 184, 186, 188, 189, 190, 192, 193, 194, 201
circulação feto-placentária, 192
circulatio sanguinis, 138, 162
cisalhamento, 135, 137
cisterna de Pecquet, 41
coagulação, 40
Col de Villars, 35
Colombo. Consulte *Realdo Colombo*
consciência, 118, 126, 127, 128, 143, 145, 147
constituição, 69, 92, 96, 123, 182, 187
constituintes, 60, 109, 124, 135, 182
contracção, 32, 36, 54, 71, 77, 87, 94, 95, 96, 98, 101, 104, 106, 107, 113, 114, 116, 117, 118, 119, 121, 122, 124, 126, 128, 130, 131, 132, 134, 158, 168, 185, 191, 194, 195, 198, 200
contracção cardíaca, 36, 125, 134, 185, 195, 200
contracção muscular, 101, 114, 116, 117, 118, 119, 121, 122, 124, 126, 128, 130, 131, 132
contracção vascular, 32
contráctil, 31, 80, 102, 120, 122, 125, 129, 135, 136, 137
contractilidade muscular, 101
coração, 28, 31, 32, 34, 38, 43, 46, 48, 49, 52, 53, 54, 55, 60, 61, 62, 63, 64, 65, 67, 76, 79, 80, 81, 82, 83, 84, 85, 86, 87, 88, 89, 90, 92, 93, 94, 95, 96, 97, 98, 99, 100, 102, 103, 104, 105, 106, 109, 112, 119, 123, 128, 129, 133, 134, 135, 136, 137, 138, 139, 142, 143, 144, 145, 146, 147, 148, 149, 161, 162, 163, 164, 166, 167, 168, 169, 170, 173, 175, 176, 179, 180, 182, 183, 185, 187, 191, 192, 194, 196, 198, 199, 200, 201, 202
cordão umbilical, 190
cordas tendinosas, 89
Coronária., 184
corpo, 23, 37, 38, 40, 41, 43, 44, 47, 52, 53, 54, 55, 60, 61, 64, 66, 67, 69, 75, 77, 78, 80, 81, 87, 90, 93, 100, 103, 107, 109, 112, 115, 126, 130, 135, 140, 142, 143, 145, 147, 149, 150, 155, 158, 160, 161, 163, 164, 165, 166, 169, 170, 171, 175, 176, 177, 183, 185, 188, 201, 202, 220

corpo humano, 24, 37, 53, 75, 87, 90, 93, 112, 185
Corpus Hippocraticum, 39, 141
corpúsculos, 124
corrente, 59, 130, 131, 132
corrente eléctrica, 130, 131
Cós. *Escola médica*, 39,43
Cowper, 77, 78
Crotona. *Escola médica*, 64, 146, 148
Curationum Medicinalium Centuriæ.Consulte *Amato Lusitano*
Cursus Filosophicus. Consulte *Francisco Soares Lusitano*

D

De alimento. Consulte *Hipócrates*
De Anatome. Consulte *Hipócrates*
De Carnibus. Consulte *Hipócrates*
De core, 85
De Core. Consulte *Hipócrates*
De Dissectione Partium Corporis Humani Libri Tres. Consulte *Charles Estienne*
De Homine. Consulte *Descartes*
De Humanis Corporis Fabrica, 45, 227
De Motu Cordis, 27, 42, 46, 83, 112, 215, 225
De Ossium Natura. Consulte *Hipócrates*
De Partinus Animalem. Consulte *Aristóteles*
De Rachitide. Consulte *Glisson*
De Re Anatomica. Consulte *Realdo Colombo*
De Uso Partium, 52
débito cardíaco, 103, 104, 182, 196, 202
desenvolvimento, 17, 55, 69, 129, 133, 136, 137, 150, 182
desoxigenado, 183, 187
despolarização, 132, 134
De venarum Ostiolis. Consulte *Fabrício Aquapendente*
diafragma, 79, 80
Duario de los Literatos de España. Consulte *Salafranca*
diástole, 62, 71, 94, 96, 98, 100, 104, 105, 139, 158, 169, 186, 187, 188, 198
dieta, 52, 166
diferenciação, 136

digestivo, 42, 52, 101, 196
dilatação, 71, 94, 95, 106, 168, 185, 194, 199, 202
dinâmica cardíaca, 28, 94, 98, 101, 103, 108, 109, 167, 199
dinâmica muscular, 108
Diocles, 65, 86, 149, 175
Diogo Placentini, 39
dióxido carbono, 183
direcção,, 113, 162, 164, 169
dissecção, 64, 65, 73, 76, 84, 90, 146, 147, 150
dissecções, 42, 45, 73, 84, 144, 146, 148, 150, 151, 158, 160
distensão, 98, 100, 195
DM, 16, 18, 19, 25, 26, 27, 59, 60, 61, 62, 63, 68, 70, 71, 72, 76, 78, 79, 80, 81, 82, 83, 88, 89, 91, 92, 93, 94, 95, 97, 98, 100, 102, 103, 105, 106, 107, 108, 109, 129, 134, 137, 139, 183, 184, 185, 186, 187, 188, 189, 191, 192, 194, 195, 200, 201
doenças, 37, 43, 64, 76, 101, 112
Du Bois-Reymond, 131
ducto torácico, 41
ducto venal, 189
ductus venosus. Consulte ducto venal
ductus arteriosus. Consulte canal arterial

E

efluxo, 158
elasticidade, 94, 106, 134, 137, 194, 196
elástico, 123, 136
electricidade animal, 116, 130, 131
electrocardiografia, 135
embrionário, 135, 136, 137
Empédocles, 86, 135, 147, 149
Empiricista, 148
Empirismo, 59
endócrino, 36, 84, 192
endotélio, 137
Erasístrato, 43, 44, 47, 48, 53, 64, 66, 67, 78, 84, 86, 89, 103, 109, 119, 123, 138, 144, 148, 149, 161, 163, 170, 175, 196, 197
espírito, 23, 43, 44, 53, 57, 67, 68, 109, 111, 117, 118, 120, 123, 124, 150, 152, 154, 155, 198, 220

espírito divino, 156
espírito nitro-aéreo, 123
espirito vital, 68
espírito vital, 44, 109, 155
espíritos, 15, 24, 41, 83, 106, 107, 109,
   110, 111, 112, 113, 114, 116, 117,
   120, 121, 123, 125, 126, 128, 133,
   134, 138, 141, 142, 144, 155, 160,
   162, 164, 166, 170, 175
espíritos animais, 41, 83, 106, 107,
   109, 110, 112, 113, 114, 116, 117,
   121, 123, 125, 126, 133, 134
estimulação eléctrica, 137
estimulação nervosa, 116
estímulo, 105, 116, 118, 122, 124, 129,
   132, 134, 135, 180, 198
estrutura, 34, 61, 62, 68, 76, 79, 83, 88,
   89, 90, 91, 95, 96, 100, 101, 111, 168
Ettmüller, 83, 125
Europa, 34, 59, 73
Eustáquio, 91, 157, 160
Exercitatio Anatomica de Motu Cordis et Sanguinis in Animalibus, 27, 29,
   42, 167
expansão, 54, 71, 116, 119, 133, 148,
   158, 198
expiração, 150, 153

F

Fabrício Acquapendente.74,75,164,
   166, 169, 192
factores, 103, 105, 127, 148, 179, 182,
   193
Falópio, 74, 164, 165
fases, 71, 98, 105, 119
feixe condutor His-Purkinje, 134
feixes musculosos. Consulte *fibras*
fenómenos físico-químicos, 133
fetal, 35, 189, 192, 216, 222
feto. Consulte mãe
fibras, 36, 40, 61, 62, 68, 69, 70, 81,
   93, 94, 95, 96, 97, 98, 99, 100, 101,
   102, 103, 106, 107, 118, 120, 122,
   125, 127, 128, 130, 133, 134, 137
fibrosa, 96
fígado, 41, 44, 47, 53, 67, 72, 86, 101,
   118, 150, 155, 160, 161, 176, 180
Filosofia Mecânica, 60
fisiologia, 34, 43, 53, 61, 68, 71, 76,
   101, 111, 115, 121, 131, 132, 138,
   150, 159, 165, 166, 167, 177, 181

flebotomia, 189
fluido nervoso, 95, 106, 107, 128, 134
fluidos, 31, 32, 40, 130, 132, 145
Flumen Vitale. Consulte *Miguel de Borbon*
fluxo, 51, 54, 71, 74, 77, 89, 90, 105,
   112, 113, 114, 131, 135, 136, 137,
   142, 147, 148, 154, 158, 163, 165,
   166, 168, 169, 171, 174, 177, 193,
   199, 200
foramen ovale. Consulte *buraco oval*
força, 31, 32, 36, 44, 72, 80, 93, 96,
   102, 127, 128, 130, 142, 167, 179,
   194, 196, 199
Forças cardíacas, 34
Francis Glisson, 101, 118, 211, 214
Francisco José Brandão, 15, 17
Francisco Rodrigues Cassão, 51
Francisco Soares Lusitano, 50,
Francisco Suarez de Ribera, 56
François Magendie, 181
frio, 32, 175
função, 19, 28, 30, 41, 56, 60, 61, 62,
   63, 64, 72, 74, 75, 76, 87, 90, 98,
   101, 105, 118, 126, 127, 130, 140,
   143, 144, 152, 154, 156, 162, 163,
   166, 167, 169, 189, 243
funículo umbilical. Consulte *cordão umbilical*

G

Galeno, 15, 42, 43, 44, 45, 48, 51, 52,
   53, 56, 66, 67, 70, 73, 76, 78, 82, 84,
   86, 87, 88, 89, 91, 96, 98, 104, 109,
   110, 111, 116, 119, 121, 123, 126,
   138, 149, 151, 152, 155, 159, 161,
   163, 165, 166, 168, 169, 170, 171,
   172, 177, 189, 192, 194, 197, 198,
   199
galvanismo, 130
galvanómetro, 131
garrotes, 162, 169, 189
gerador, 104, 105
Giambattista Canano, 73
Gibson, 68, 83, 97, 99, 100, 102, 105,
   199, 211, 212
glândula pineal, 112, 114, 115

H

Harvey, 111

Harvey, 17, 29, 37, 38, 42, 44, 46, 50, 55, 57, 59, 63, 76, 83, 87, 88, 90, 97, 99, 102, 104, 111, 118, 127, 139, 140,157,, 164, 166, 167, 168, 169, 170, 171, 172, 173, 174, 175, 176, 177, 178, 179, 181, 182, 183, 186, 187, 189, 192, 194, 200, 201, 207, 210, 214, 215, 221, 222, 225
Helvetius, 191
hemodinâmica, 136
hemorreológicas, 40
Herófilo, 43, 64, 65, 70, 85, 89, 144, 148, 149, 198
Hipócrates, 39, 44, 51, 52, 56, 64, 82
Hipocráticos, 82, 84, 87, 88
Historia de la Composicion del Cuerpo Humano.Consulte *Juan Valverde*
homeostasia, 182
horror ao vazio, 66
Hospital de Todos-os-Santos, 48, 185, 188
Huang Di Nei Jing. , 140
Huang-Di, 140
humoral, 166
humoralismo, 69
humores, 37, 40, 52, 53, 59, 62, 64, 69, 112

I

Ibn al-Nafis, 139, 151, 153, 224
Iluminismo, 59, 61, 112
impedância, 105
impulsão, 34, 61, 93, 105, 181, 194, 195
impulso, 117, 121, 132, 136, 168, 170, 180
inato. calor
inervação, 96, 103
inflação muscular, 115, 124
influxo, 106, 109, 134, 135, 173, 179
ingestão, 53,
Instrucçaõ, 9, 15, 17, 19, 25, 26, 30, 35, 36, 58, 89, 91, 95, 202
inteligência, 43, 52, 67, 87, 143, 146
involuntário, 98, 119
irrigação, 187
irritabilidade, 31, 101, 118, 126, 127, 128, 129, 133, 179
irritação, 106, 108, 116, 119, 124, 126, 128, 179
isquemia, 187

J

Jacob Sílvio, 75
Jan Swammerdam, 77, 115, 207, 210
Jean Méry, 190
João Marques Correia, 27, 33, 49, 50, 74, 83
John Mayow, 122
John Smith, 56
José Rodrigues de Abreu, 108
Juan Valverde, 160, 179
jugulares, 29, 30, 38, 165, *veias*
Julius Bernstein, 132, 224

K

Ka, 144

L

La Mettrie, 129, 216
Leeuwenhoek, 68, 77, 78, 115, 117, 217
lei Islâmica, 151
Lemos, 27, 73, 217
Leonardo da Vinci, 71, 78, 89, 151, 206, 216, 217, 223, 225
Licenças, 16, 21
linfa, 41, 42
linfáticos, 32, 41, 79, 92, *vasos,gânglios*
líquido pericárdico, 92
Luigi Galvani, 130, 221
lúmen, 74, 110, 195

M

mãe,189, 190, 192
Malcolm Flemyng, 186
Malpighi, 46, 78, 97, 117, 124, 153, 177, 182, 219, 228
máquina hidráulica, 37
marcador rítmico (*pacemaker*),110
Marquês Le Gendre, 56
materialismo, 129
Maximiano Lemos Júnior, 27
mecânica, 103, 119, 134, 149, 180
Mecanicismo, 60, 180
Mecanicismo Cartesiano, 60
mecanicista, 61, 112, 115, 181
mecanicistas, 118, 179, 180

mecanismo, 32, 36, 38, 60, 63, 106, 107, 119, 120, 126, 134, 159, 166, 185, 196
mecanotransdução, 137
medicina Árabe, 153
medicina fibrosa, 68, 95
medula oblongada, 29
membranas, 61, 62, 69, 74, 85, 92, 107, 114, 120, 132, 195
mesentério,, 41, 178
metu, 196
microscopia óptica, 46, 78, 177
Miguel de Borbon, 56
mínimos (*vasos sanguíneos*), 31, 32,
miocárdio, 34, 96, 101, 102, 103, 133, 186, 187
miócitos, 101, 102
miofibras, 101
miógrafo, 132
mitral, 90, 158, 159
Mondino, 84, 215, 223
Monravá e Roca, 48,
motilidade muscular, 112
movimento, 31, 32, 37, 40, 51, 60, 63, 77, 79, 83, 94, 95, 98, 106, 107, 110, 113, 118, 125, 127, 128, 142, 147, 149, 155, 162, 164, 168, 178, 180, 185, 194, 198, 201, 202
muco, 52
muscular.Consulte *músculos*
músculo esquelético, 102
músculos, 32, 34, 69, 76, 83, 89, 96, 111, 113, 114, 116, 118, 119, 122, 123, 124, 132, 165

N

nascimento, 192, 193
necessidades metabólicas teciduais, 103, 105
nervos, 32, 34, 42, 43, 53, 61, 64, 69, 83, 98, 101, 106, 107, 109, 111, 113, 114, 115, 116, 117, 119, 121, 123, 124, 125, 126, 128, 130, 131, 132, 155
neurofisiologia, 31, 116
nitro-aéreo, 123
nódulo aurículoventricular, 134
nutrição, 37, 41, 47, 49, 53, 64, 68, 149, 153, 162, 165, 170, 174, 182
nutrientes, 65, 157, 182, 183, 192

O

Olof Rudbeck, 41
ondas, 135, 200
órgãos, 103, 111, 114, 126, 127, 129, 133, 135, 142, 150, 151, 152, 165, 182, 193
oxigenação, 105, 183, 192
oxigénio, 67, 105, 123, 182, 183, 187, 192, 193

P

papiros Edwin-Smith e Ebers, 143,
Papiro Ebers, 143, 196
paredes, 70, 80, 102, 134, 135, 137, 195, 198, 200
partículas, 49, 112, 116, 120, 122, 123, 150, 191
patologias, 125, 145
pele, 70, 78, 113, 114, 197
pequena circulação, 149, 157, 174, 184
percepção, 110, 118, 126, 127
perfusão sanguínea, 182
pericárdio, 79, 80, 92
Peripateticarum Quaestionum.
  Consulte *Andreas Cesalpino*
Pitágoras, 146
placenta, 76, 192
Platão, 44, 54, 55, 86
Plínio, 55, 57
pneuma, 43, 44, 53, 64, 65, 66, 67, 78, 109, 125, 142, 148, 149, 150, 152, 166, 177, 196, 198
pneuma natural, 67
pneuma psíquico, 68
polarização electrolítica, 131
ponta. Consulte *coração*
poros, 43, 45, 113, 149, 153, 169, 171, 176
porosidades, 78, 150, 152, 172
potenciais de acção, 36, 88
Praxágoras, 43, 64, 65, 146, 196
pré-sistólico., 99
pressão, 72, 92, 104, 128, 135, 136, 163, 182, 187, 193, 196
Principiantes, 21, 25, 30, 31, 35, 39, 50, 57, 72, 76, 108, 139, 185, 186, 187
Principiantes de cirurgia, 25
propriedade, 118, 127, 128, 135
propriedades eléctricas, 133

pulmões, 44, 46, 47, 48, 49, 65, 67, 123, 149, 150, 152, 154, 156, 157, 158, 159, 161, 162, 163, 169, 174, 176, 178, 180, 182, 183, 184, 188, 190, 191, 192, 198
pulsação, 32, 62, 66, 71, 72, 82, 87, 134, 143, 144, 166, 167, 168, 169, 194, 195, 196, 198, 199, 200, *pulso*
pulso, 196, 197, 198, 200, 201

Q

qi, 142, 143
Quesnay, 37
quilo, 41, 43, 44, 47
química., 83, 119, 127

R

Racionalismo, 59
ramificação. *artérias,veias*
Rapin, 54
reacção química, 120, 125, 130, 131
Realdo Colombo, 75, 76, 138, 157, 160, 161, 165
recém-nascido, 190
refluxo, 51, 54, 75, 90, 147, 149, 158, 173, 177
reforma Pombalina, 16
regulador, 105
relaxamento, 71, 77, 96, 99, 100, 113, 114, 122, 183
Renascimento, 66, 112, 151, 177
reótomo, 132
repolarização, 134
resistência, 96, 128, 163, 192, 193
respiração, 49, 65, 108, 122, 123, 129, 142, 147, 168, 175, 190
retracção, 71, 95
ritmo cardíaco, 88
Robert Boyle, 49, 121, 123, 167
Rufo de Éfeso, 85

S

sabedoria, 52, 143
safenas, 38
Salafranca, 56
Salomão, 56
Salomon Alberti, 75
sangria, 38, 184

sangue, iv, 9, 15, 23, 26, 29, 31, 32, 34, 38, 40, 41, 42, 43, 44, 47, 48, 51, 52, 53, 54, 55, 56, 57, 59, 60, 61, 62, 63, 64, 65, 66, 67, 68, 71, 73, 74, 75, 77, 78, 80, 81, 86, 90, 93, 94, 95, 97, 100, 101, 103, 104, 105, 106, 107, 109, 111, 112, 118, 120, 121, 122, 123, 124, 127, 129, 134, 135, 138, 139, 140, 141, 142, 143, 144, 145, 146, 147, 148, 149, 150, 151, 152, 154, 155, 156, 158, 159, 161, 162, 163, 164, 165, 166, 167, 168, 169, 170, 171, 172, 173, 174, 175, 176, 177, 178, 179, 180, 181, 182, 183, 184, 186, 187, 189, 190, 191, 192, 194, 195, 196, 199, 200, 201, 202
sangue "espirituoso", 158
sangue "natural", 158
sangue arterial, 53, 67, 111, 123, 128, 183
sanguificação, 86
Santorini, 191
Santucci, 48, 185, 188, 221
seio coronário, 186, 187
seios venosos. *coração*
semilunares. Consulte *válvulas*
sensações, 53, 87, 107, 110, 113, 114, 120, 125, 128
sensibilidade, 31, 126, 127, 128, 179, 181
sensoriais, 113, 114, 121
septo interventricular, 43, 44, 45, 49, 97, 149, 154, 156, 160, 161, 162, 169, 174
Serveto, 138, 154, 155, 156, 157, 158, 159, 178
sinanastomoses, 78
sistema arterial, 44
sistema cardiovascular, 19, 43, 53, 90, 182, 194, 201
sistema circulatório, 60, 77, 116, 135, 182, 201
sistema linfático, 41, 42, 182
sistema nervoso, 36, 110, 111, 112, 121, 127, 179
sistema nervoso autónomo, 36
sistema vascular, 64, 86, 105, 147, 169
sístole, 32, 62, 71, 83, 94, 96, 99, 100, 105, 139, 158, 159, 169, 183, 186, 188, 196, 198, 199
solidismo, 69

Stahl, 77, 108, 180, 225
subclávia (s), 30, 41, 43, 91
sucção, 166, 168, 199
suco, 41, 124
sumo espirituoso, 120
Sushruta, 145, 226

T

tecidos, 68, 77, 103, 132, 133, 166, 170, 171, 176, 182, 183
tendões, 61, 93, 98, 122
tensão, 69, 107, 121, 135, 137
teoria celular, 69
Texto Original, 16, 18, 19, 25, 60
Thomas Bartholin, 41, 42, 97
Thomas Willis, 118, 121, 221
tónus, 69, 77
tórax, 32
transmissão nervosa, 108
transporte, 15, 67, 143, 177, 182, 198
transudação, 154
Tratado Fisiológico Médico-Prático e Anatómico da Circulação do Sangue. Consulte *João Marques Correia*
tricúspide. *válvula*
trombose, 40
tronco braquiocefálico, 30, 91
túbulos, 114
túnicas, 70, 72, 198, 199

V

válvulas, 51, 53, 62, 63, 72, 73, 74, 75, 76, 81, 85, 89, 90, 94, 97, 100, 113, 114, 138, 139, 140, 147, 148, 158, 163, 165, 167, 168, 169, 171, 173, 176
válvulas arteriais, 90
Van der Linden, 51
vapores fuliginosos, 49, 161, 170
Varolio, 138, 139
vasomotora, 193
vasos, 28, 31, 32, 38, 41, 51, 54, 57, 61, 63, 65, 68, 69, 70, 76, 77, 78, 79, 85, 91, 103, 125, 142, 143, 147, 154, 163, 182, 185, 186, 190, 195, 196
veia cava, 31, 32, 43, 44, 47, 73, 80, 85, 147, 158, 165, 189, 192
veia porta, 30, 189
veia pulmonar, 49, 81, 150, 152, 154, 155, 159, 168, 169, 171, 184
veia umbilical, 189, 192
veias, 28, 29, 31, 32, 34, 38, 46, 47, 53, 54, 55, 60, 61, 62, 63, 64, 65, 66, 68, 70, 72, 74, 75, 76, 77, 78, 81, 84, 86, 89, 92, 94, 101, 103, 109, 111, 135, 138, 139, 147, 149, 153, 155, 158, 159, 160, 161, 162, 164, 169, 170, 173, 176, 178, 182, 183, 184, 186, 187, 189, 191, 194, 195, 196
veias pulmonares, 47, 64, 66, 150, 158, 159, 161, 191
velocidade, 31, 71, 132, 195, 201
venoso. *sangue, sangue*
ventrículo, 41, 43, 44, 47, 54, 80, 87, 88, 93, 100, 102, 109, 149, 150, 152, 154, 155, 156, 158, 159, 161, 168, 169, 171, 172, 174, 176, 179, 183, 184, 188, 191, 193, 196, 198, 201
ventrículo direito, 43, 44, 47, 49, 80, 87, 88, 149, 152, 154, 158, 161, 168, 169, 172, 174, 183, 184, 193
ventrículo esquerdo, 41, 43, 44, 47, 49, 54, 66, 67, 80, 81, 85, 87, 89, 98, 100, 102, 109, 148, 150, 152, 153, 154, 155, 156, 158, 159, 161, 162, 166, 168, 169, 170, 171, 172, 174, 179, 183, 184, 188, 191, 196, 198, 201, 202, 203
ventrículos, 31, 48, 52, 55, 80, 81, 84, 85, 87, 88, 93, 94, 95, 96, 97, 98, 99, 102, 105, 106, 109, 114, 125, 134, 138, 147, 152, 159, 163, 168, 183, 185, 187
vertebrais. *artérias*
Vesálio, 42, 45, 68, 71, 73, 75, 82, 84, 85, 86, 90, 91, 97, 98, 110, 133, 151, 156, 166, 171, 199
vibratório, 31, 32, *movimento*
vital, 43, 44, 53, 57, 67, 68, 109, 147, 150, 152, 155, 166, 181, 196
Vitalismo, 77, 180, 181
Vitalistas, 179, 180, 181
vivissecção, 45, 76, 87, 90, 172, 181
vivissecções, 47, 148, 158
volemia, 201
volume, 13, 15, 16, 26, 59, 92, 94, 102, 105, 116, 136, 168, 169, 170, 191, 194, 201, 220
von Haller, 31, 32, 34, 100, 101, 105, 126, 127, 128, 129, 133, 134, 178, 179, 185, 186, 200
von Helmholtz, 132

vontade, 98, 107, 126, 128
vórtices, 90

W

Whytt, 31, 32, 129, 186, 228
William Croone, 118, 228

William Harvey, 16, 23, 27, 37, 42, 74, 97, 118, 173, 176, 177, 205, 209, 217, 219, 220, 221, 224, 225, 228
Winslow, 83, 84, 88, 91, 99, 100, 102, 185, 186, 187, 190, 228

Y

yin e *yang*, 143

NOTA BIOGRÁFICA

JOÃO ALCINDO MARTINS E SILVA, nasceu em Lisboa, em 24 de Junho de 1942. Licenciou-se em Medicina em 1967, doutorou-se em ciências médicas em 1973, e ascendeu a professor catedrático em 1979/80. Durante os trinta e sete anos em que desempenhou funções académicas nas Faculdades de Medicina das Universidades de Lourenço Marques (até 1974) e de Lisboa, ensinou bioquímica fisiológica a muitos milhares de alunos da licenciatura de medicina e, durante alguns anos, também aos de medicina dentária (da Faculdade de Medicina Dentária da Universidade de Lisboa) e de engenharia biomédica (do Instituto Superior Técnico). Promoveu e dirigiu o Instituto de Bioquímica, foi professor decano, subdirector e director da Faculdade de Medicina da Universidade de Lisboa, além de presidente de duas sociedades científicas nacionais. Editou vários livros e foi autor/co-autor de algumas centenas de artigos e intervenções científicas sobre bioquímica fisiológica e aplicada, ensaios e outras temáticas. Em 2005 aposentou-se da função pública, a seu pedido. Desde então mantém, entre interesses principais, a pesquisa e publicação de trabalhos sobre a história da medicina.

www.ingramcontent.com/pod-product-compliance
Lightning Source LLC
Chambersburg PA
CBHW050204230526
45470CB00001B/227